计算机科学与技术专业核心教材体系建设 —— 建议使用时间

课程系列　基础系列　电类系列　程序系列　系统系列　应用系列　选修系列

一年级上：大学计算机基础　离散数学(上)　电子技术基础　计算机程序设计　计算机原理

一年级下：信息安全导论　离散数学(下)　数字逻辑设计　面向对象程序设计　操作系统

数字逻辑设计实验　程序设计实践

二年级上：数据结构　计算机系统综合实践

二年级下：算法设计与分析　计算机网络

三年级上：软件工程　编译原理

三年级下：软件工程综合实践　计算机体系结构　计算机图形学

人工智能导论　数据库原理与技术　嵌入式系统

四年级上

四年级下：机器学习　物联网导论　大数据分析技术　数字图像技术

面向新工科专业建设计算机系列教材

数据结构与问题求解

C++版·微课版

邓泽林 李峰 主编

清华大学出版社

北京

内 容 简 介

本书是为以数据结构、问题求解为阅读目的的读者编写的教材，以培养读者的数据结构分析、算法设计、问题求解能力为基本目标。本书读者需要掌握程序设计基础知识，并具备一定的编程能力。

本书以数据结构为主线，通过问题和案例引入内容，重点讲解利用数据结构知识求解问题的思路、算法实现与执行过程、能力拓展。全书主要内容为概论、C++编程入门、线性表、堆栈和队列、串、数组和广义表、树与二叉树、图、查找、排序、索引结构等，讲解了栈和队列、KMP、哈夫曼树与编码、最短路径、最小生成树、拓扑排序、关键路径、哈希查找、二叉查找树、B-树、B+树、Trie树等经典问题，并提供了能力拓展环节，引导读者开展数据结构应用实践。代码使用C++语言加以描述和实现，并用图解的形式详细描述了算法的执行过程，使读者能够深入了解数据结构相关算法的运行过程和结果。

本书可作为本科院校数据结构的教学用书，也可作为从事数据结构与算法设计的科技人员、算法竞赛选手的参考书及培训教材。

本书封面贴有清华大学出版社防伪标签，无标签者不得销售。

版权所有，侵权必究。 举报：010-62782989，beiqinquan@tup.tsinghua.edu.cn。

图书在版编目（CIP）数据

数据结构与问题求解：C++版：微课版/邓泽林，李峰主编.—北京：清华大学出版社，2024.3
面向新工科专业建设计算机系列教材
ISBN 978-7-302-65833-7

Ⅰ.①数…　Ⅱ.①邓…　②李…　Ⅲ.①数据结构－教材　②C++语言－程序设计－教材　Ⅳ.①TP311.12
②TP312.8

中国国家版本馆 CIP 数据核字（2024）第 055353 号

责任编辑：白立军　薛　阳
封面设计：刘　键
责任校对：刘惠林
责任印制：沈　露

出版发行：清华大学出版社
　　　　　网　　　址：https://www.tup.com.cn，https://www.wqxuetang.com
　　　　　地　　　址：北京清华大学学研大厦 A 座　　　　　邮　　编：100084
　　　　　社 总 机：010-83470000　　　　　　　　　　　　邮　　购：010-62786544
　　　　　投稿与读者服务：010-62776969，c-service@tup.tsinghua.edu.cn
　　　　　质量反馈：010-62772015，zhiliang@tup.tsinghua.edu.cn
　　　　　课件下载：https://www.tup.com.cn，010-83470236
印 装 者：三河市龙大印装有限公司
经　　销：全国新华书店
开　　本：185mm×260mm　　　印　　张：15.5　　　插　页：1　　　字　　数：377 千字
版　　次：2024 年 3 月第 1 版　　　　　　　　　　　　　　印　　次：2024 年 3 月第 1 次印刷
定　　价：59.00 元

产品编号：104877-01

出版说明

一、系列教材背景

人类已经进入智能时代,云计算、大数据、物联网、人工智能、机器人、量子计算等是这个时代最重要的技术热点。为了适应和满足时代发展对人才培养的需要,2017 年 2 月以来,教育部积极推进新工科建设,先后形成了"复旦共识""天大行动"和"北京指南",并发布了《教育部高等教育司关于开展新工科研究与实践的通知》《教育部办公厅关于推荐新工科研究与实践项目的通知》,全力探索形成领跑全球工程教育的中国模式、中国经验,助力高等教育强国建设。新工科有两个内涵:一是新的工科专业;二是传统工科专业的新需求。新工科建设将促进一批新专业的发展,这批新专业有的是依托于现有计算机类专业派生、扩展而成的,有的是多个专业有机整合而成的。由计算机类专业派生、扩展形成的新工科专业有计算机科学与技术、软件工程、网络工程、物联网工程、信息管理与信息系统、数据科学与大数据技术等。由计算机类学科交叉融合形成的新工科专业有网络空间安全、人工智能、机器人工程、数字媒体技术、智能科学与技术等。

在新工科建设的"九个一批"中,明确提出"建设一批体现产业和技术最新发展的新课程""建设一批产业急需的新兴工科专业"。新课程和新专业的持续建设,都需要以适应新工科教育的教材作为支撑。由于各个专业之间的课程相互交叉,但是又不能相互包含,所以在选题方向上,既考虑由计算机类专业派生、扩展形成的新工科专业的选题,又考虑由计算机类专业交叉融合形成的新工科专业的选题,特别是网络空间安全专业、智能科学与技术专业的选题。基于此,清华大学出版社计划出版"面向新工科专业建设计算机系列教材"。

二、教材定位

教材使用对象为"211 工程"高校或同等水平及以上高校计算机类专业及相关专业学生。

三、教材编写原则

(1) 借鉴 *Computer Science Curricula* 2013(以下简称 CS2013)。CS2013 的核心知识领域包括算法与复杂度、体系结构与组织、计算科学、离散结构、图形学与可视化、人机交互、信息保障与安全、信息管理、智能系统、网络与通信、操作系统、基于平台的开发、并行与分布式计算、程序设计语言、软件开发基础、软件工程、系统基础、社会问题与专业实践等内容。

（2）处理好理论与技能培养的关系，注重理论与实践相结合，加强对学生思维方式的训练和计算思维的培养。计算机专业学生能力的培养特别强调理论学习、计算思维培养和实践训练。本系列教材以"重视理论，加强计算思维培养，突出案例和实践应用"为主要目标。

（3）为便于教学，在纸质教材的基础上，融合多种形式的教学辅助材料。每本教材可以有主教材、教师用书、习题解答、实验指导等。特别是在数字资源建设方面，可以结合当前出版融合的趋势，做好立体化教材建设，可考虑加上微课、微视频、二维码、MOOC等扩展资源。

四、教材特点

1. 满足新工科专业建设的需要

系列教材涵盖计算机科学与技术、软件工程、物联网工程、数据科学与大数据技术、网络空间安全、人工智能等专业的课程。

2. 案例体现传统工科专业的新需求

编写时，以案例驱动，任务引导，特别是有一些新应用场景的案例。

3. 循序渐进，内容全面

讲解基础知识和实用案例时，由简单到复杂，循序渐进，系统讲解。

4. 资源丰富，立体化建设

除了教学课件外，还可以提供教学大纲、教学计划、微视频等扩展资源，以方便教学。

五、优先出版

1. 精品课程配套教材

主要包括国家级或省级的精品课程和精品资源共享课程的配套教材。

2. 传统优秀改版教材

对于已经出版、得到市场认可的优秀教材，由于新技术的发展，计划给图书配上新的教学形式、教学资源的改版教材。

3. 前沿技术与热点教材

反映计算机前沿和当前热点的相关教材，例如云计算、大数据、人工智能、物联网、网络空间安全等方面的教材。

六、联系方式

联系人：白立军

联系电话：010-83470179

联系和投稿邮箱：bailj@tup.tsinghua.edu.cn

面向新工科专业建设计算机系列教材编委会

2019 年 6 月

FOREWORD
前言

2019 年教育部发布了《教育部关于深化本科教育教学改革全面提高人才培养质量的意见》，提出了大学教育要围绕学生忙起来、激励学生刻苦学习、全面提高课程建设质量等重要指示，实施国家级和省级一流课程建设"双万计划"，着力打造一大批具有高阶性、创新性和挑战度（两性一度）的"金课"，推动课堂教学革命。为响应号召，落实人才培养质量意见，特编写本教材来引导计算机类专业学生进行创新性、高阶性学习，通过完成具有挑战度的任务提高学生数据结构设计能力、问题求解能力。

随着计算机科学与技术的进步，数据结构也得到了进一步的发展。数据结构主要研究计算机存储、组织数据的方式，是计算机科学重要的基础课程之一。为有效地存储数据、设计高效的算法进行数据处理和检索，数据结构专门研究数据的逻辑结构和物理结构，并定义合适的运算、设计高效的算法，以满足实际应用需求。

数据结构与问题求解能力是评判计算机类专业学生是否具有良好专业素养的标准。本教材的目的主要是：①传授经典算法知识，引导学生进入数据结构领域，掌握基本的数据结构设计方法和主要算法；②通过能力拓展和创新性的问题求解，培养计算机类专业学生的问题分析与建模能力，并通过程序语言加以实现和调试的能力，引导学生开展高阶性和高挑战度问题求解实践。教师可以利用本教材方便地进行教学改革，开发出以能力培养为导向的教学模式，跳出传统"知识传递"型课堂的教学思维，切实落实"以学生为中心"的教学理念。

本书针对计算机科学与技术、软件工程、网络工程、数据科学与大数据技术、数学等相关专业的发展需求，全面介绍了数据结构的基本知识，详细介绍了数据逻辑结构、存储结构及常用算法，包括线性表、串、数组和广义表、树与二叉树、图、查找、排序、索引结构等经典内容，利用 C++ 面向对象编程实现了常用的数据结构，引导学生建立初步的抽象编程思维，并构建数据结构的完整知识体系。同时，在部分章节中还引入了能力拓展环节，引导学生利用学习的数据结构知识来求解非传统问题，提高课程的挑战度。课后提供了创新性的习题，进一步巩固学生的计算思维能力、问题求解能力。

本书的重点、难点部分提供了微课视频，供学生自学或者课后释疑，提供了习题的解答思路及参考代码、在线测评数据，从多个角度引导学生开展自主学习,达到培养和提升学生问题求解能力的目的。

本书由邓泽林、李峰主编,陈曦、罗奕副主编。李峰负责统筹编写工作,邓泽林负责整体规划,并撰写了第1章、第2章、第5章、第7章、第8章、第9章、第11章;陈曦负责编写第6章、第10章;罗奕负责编写第3章、第4章。本书的编写得到了黄舒怡、徐彬峰、粟宇、赵韩熙、马艺、詹一夫、沈彬宇、孙宁欣、谭焱文等ACM竞赛选手的支持,他们在习题整理上提供了大量的帮助,在此表示感谢。

编　者

2023 年 12 月

CONTENTS

目录

第1章　概论 …………………………………………………… 1
  1.1　数据结构简介 …………………………………………… 1
  1.2　数据结构的研究对象 …………………………………… 1
    1.2.1　数据逻辑结构 ……………………………………… 1
    1.2.2　数据物理结构 ……………………………………… 2
    1.2.3　数据存储结构 ……………………………………… 2
  1.3　常用数据结构 …………………………………………… 3
    1.3.1　数组 ………………………………………………… 3
    1.3.2　栈 …………………………………………………… 3
    1.3.3　队列 ………………………………………………… 3
    1.3.4　链表 ………………………………………………… 3
    1.3.5　树 …………………………………………………… 3
    1.3.6　图 …………………………………………………… 4
    1.3.7　堆 …………………………………………………… 4
    1.3.8　散列(哈希)表 ……………………………………… 4
  1.4　数据结构常用运算 ……………………………………… 4
    1.4.1　数据结构常用的运算 ……………………………… 4
    1.4.2　算法性能分析 ……………………………………… 5
  习题 …………………………………………………………… 5
第2章　C++ 编程入门 ………………………………………… 6
  2.1　语法基础 ………………………………………………… 6
    2.1.1　数据类型 …………………………………………… 6
    2.1.2　输入输出 …………………………………………… 7
    2.1.3　命名空间 …………………………………………… 7
    2.1.4　内存分配与回收 …………………………………… 8
    2.1.5　引用 ………………………………………………… 9
    2.1.6　内联函数 …………………………………………… 10
    2.1.7　运算符重载 ………………………………………… 10
    2.1.8　函数重载 …………………………………………… 11
    2.1.9　异常 ………………………………………………… 11
  2.2　类与对象 ………………………………………………… 13

2.2.1 概述 ··· 13

2.2.2 构造函数 ·· 14

2.2.3 对象的定义与使用 ······································ 15

2.2.4 默认构造函数 ··· 15

2.2.5 成员初始化列表 ······································· 16

2.2.6 this 指针 ·· 17

2.2.7 析构函数 ·· 18

2.3 继承 ·· 18

2.3.1 继承与派生的概念 ······································ 18

2.3.2 继承语法形式 ··· 18

2.3.3 访问控制规则 ··· 19

2.3.4 派生类构造函数定义 ····································· 20

2.3.5 派生类构造函数与析构函数调用次序 ························ 20

2.3.6 构造函数与析构函数构造规则 ····························· 23

2.4 多态 ·· 25

2.4.1 多态的概念 ··· 25

2.4.2 虚函数 ·· 25

2.4.3 虚析构函数 ··· 27

2.4.4 纯虚函数与抽象类 ······································ 28

2.5 模板与容器 ··· 29

2.5.1 模板概念 ·· 29

2.5.2 函数模板 ·· 30

2.5.3 类模板 ·· 30

2.5.4 容器 ·· 31

2.5.5 迭代器 ·· 32

2.5.6 关联式容器 ··· 32

2.5.7 算法 ·· 33

2.6 能力拓展 ··· 34

2.6.1 C♯语言索引器模拟 ······································ 34

2.6.2 数据访问服务器模拟 ····································· 35

习题 ··· 39

第 3 章 线性表 ··· 40

3.1 线性表概述 ··· 40

3.2 线性表的定义及基本操作 ····································· 40

3.3 线性表存储结构 ··· 41

3.3.1 线性表的顺序存储结构 ··································· 41

3.3.2 线性表的链表存储结构 ··································· 41

3.4 线性表的实现 ··· 41

3.4.1 单链表 ·· 41

3.4.2 双向链表 ·· 45

3.4.3 循环链表 ·· 46

　　3.5　能力拓展 ·· 47

　　　　3.5.1　判断链表中是否存在环 ··· 47

　　　　3.5.2　约瑟夫环 ··· 49

　习题 ··· 50

第4章　堆栈和队列 ··· 53

　4.1　堆栈 ·· 53

　　　　4.1.1　堆栈的定义 ··· 53

　　　　4.1.2　堆栈的基本操作及抽象数据类型描述 ····························· 53

　4.2　堆栈的存储结构及实现 ·· 54

　　　　4.2.1　堆栈的顺序存储结构及类的实现 ································· 54

　　　　4.2.2　堆栈的链表存储结构及类的实现 ································· 56

　4.3　队列 ·· 59

　　　　4.3.1　队列的定义 ··· 59

　　　　4.3.2　队列的基本操作及抽象数据类型描述 ····························· 59

　4.4　队列的存储结构及实现 ·· 60

　　　　4.4.1　队列的顺序存储结构及类的实现 ································· 60

　　　　4.4.2　队列的链表存储结构及类的实现 ································· 63

　4.5　堆栈和队列的应用场景 ·· 65

　　　　4.5.1　堆栈的应用场景 ··· 65

　　　　4.5.2　队列的应用场景 ··· 66

　4.6　能力拓展 ·· 66

　　　　4.6.1　波兰表达式求值 ··· 66

　　　　4.6.2　银行排队模拟 ··· 68

　习题 ··· 72

第5章　串 ··· 75

　5.1　串的定义 ·· 75

　　　　5.1.1　串的基本概念 ··· 75

　　　　5.1.2　抽象数据类型定义 ··· 75

　5.2　串的实现 ·· 76

　　　　5.2.1　串的构造 ··· 76

　　　　5.2.2　串的赋值 ··· 77

　　　　5.2.3　子串截取 ··· 78

　　　　5.2.4　子串插入 ··· 78

　　　　5.2.5　串的复制 ··· 80

　　　　5.2.6　串的比较 ··· 81

　　　　5.2.7　串的拼接 ··· 81

　5.3　串的模式匹配算法 ·· 82

　　　　5.3.1　暴力匹配 ··· 82

　　　　5.3.2　KMP 匹配算法 ··· 83

　　　　5.3.3　改进的 KMP 算法 ··· 87

　5.4　能力拓展 ·· 88

习题 ·· 90

第6章　数组和广义表 ·· 93

6.1　数组的基本概念 ··· 93

6.1.1　数组的定义 ·· 93

6.1.2　数组的基本操作 ·· 93

6.2　数组的存储结构与抽象数据类型描述 ·· 94

6.3　特殊矩阵的压缩存储 ··· 96

6.3.1　对称矩阵 ··· 96

6.3.2　三角矩阵 ··· 98

6.3.3　对角矩阵 ··· 99

6.4　稀疏矩阵的压缩存储 ··· 100

6.4.1　稀疏矩阵的顺序存储结构——三元组顺序表 ····················· 101

6.4.2　稀疏矩阵的链式存储结构——十字链表 ·························· 103

6.5　广义表 ··· 104

6.5.1　广义表的定义和基本运算 ·· 104

6.5.2　广义表的存储 ·· 105

6.6　能力拓展 ··· 106

习题 ·· 107

第7章　树与二叉树 ·· 111

7.1　树的概念 ··· 111

7.2　二叉树 ··· 112

7.2.1　二叉树的定义 ·· 112

7.2.2　二叉树的性质 ·· 113

7.2.3　二叉树的存储结构 ··· 114

7.3　二叉树的抽象数据类型描述 ··· 116

7.4　二叉树的操作 ·· 117

7.4.1　前序遍历 ·· 117

7.4.2　二叉树的构建 ·· 118

7.4.3　中序遍历 ·· 119

7.4.4　后序遍历 ·· 119

7.4.5　层序遍历 ·· 120

7.4.6　线索二叉树 ··· 120

7.5　二叉树与树、森林的转换 ·· 123

7.5.1　树与二叉树的转换 ··· 123

7.5.2　森林与二叉树的转换 ··· 123

7.6　树的存储结构 ·· 125

7.6.1　按树的度进行表示 ··· 125

7.6.2　孩子-兄弟表示法 ·· 126

7.7　树的遍历 ··· 127

7.7.1　一般树的遍历 ·· 127

7.7.2　森林的遍历 ··· 128

7.8 哈夫曼树 ⋯⋯⋯⋯⋯⋯⋯⋯⋯⋯⋯⋯⋯⋯⋯⋯⋯⋯⋯⋯⋯ 129
　7.8.1 概念 ⋯⋯⋯⋯⋯⋯⋯⋯⋯⋯⋯⋯⋯⋯⋯⋯⋯⋯⋯⋯⋯ 129
　7.8.2 哈夫曼树的构造 ⋯⋯⋯⋯⋯⋯⋯⋯⋯⋯⋯⋯⋯⋯⋯⋯ 129
　7.8.3 哈夫曼树的实现 ⋯⋯⋯⋯⋯⋯⋯⋯⋯⋯⋯⋯⋯⋯⋯⋯ 130
　7.8.4 哈夫曼编码 ⋯⋯⋯⋯⋯⋯⋯⋯⋯⋯⋯⋯⋯⋯⋯⋯⋯⋯ 132
7.9 能力拓展 ⋯⋯⋯⋯⋯⋯⋯⋯⋯⋯⋯⋯⋯⋯⋯⋯⋯⋯⋯⋯ 134
　7.9.1 根据树的前序和中序构造树 ⋯⋯⋯⋯⋯⋯⋯⋯⋯⋯ 134
　7.9.2 判断一棵树是否为平衡二叉树 ⋯⋯⋯⋯⋯⋯⋯⋯⋯ 135
习题 ⋯⋯⋯⋯⋯⋯⋯⋯⋯⋯⋯⋯⋯⋯⋯⋯⋯⋯⋯⋯⋯⋯⋯⋯ 137

第8章 图 ⋯⋯⋯⋯⋯⋯⋯⋯⋯⋯⋯⋯⋯⋯⋯⋯⋯⋯⋯⋯⋯⋯ 139
8.1 图的基本概念 ⋯⋯⋯⋯⋯⋯⋯⋯⋯⋯⋯⋯⋯⋯⋯⋯⋯⋯ 139
8.2 图的存储结构 ⋯⋯⋯⋯⋯⋯⋯⋯⋯⋯⋯⋯⋯⋯⋯⋯⋯⋯ 139
　8.2.1 图的邻接矩阵 ⋯⋯⋯⋯⋯⋯⋯⋯⋯⋯⋯⋯⋯⋯⋯⋯ 139
　8.2.2 图的邻接表 ⋯⋯⋯⋯⋯⋯⋯⋯⋯⋯⋯⋯⋯⋯⋯⋯⋯ 140
　8.2.3 图的抽象数据类型描述 ⋯⋯⋯⋯⋯⋯⋯⋯⋯⋯⋯⋯ 141
　8.2.4 图类的实现 ⋯⋯⋯⋯⋯⋯⋯⋯⋯⋯⋯⋯⋯⋯⋯⋯⋯ 141
8.3 图的遍历与图的连通性 ⋯⋯⋯⋯⋯⋯⋯⋯⋯⋯⋯⋯⋯⋯ 142
　8.3.1 图的深度优先遍历 ⋯⋯⋯⋯⋯⋯⋯⋯⋯⋯⋯⋯⋯⋯ 142
　8.3.2 图的广度优先遍历 ⋯⋯⋯⋯⋯⋯⋯⋯⋯⋯⋯⋯⋯⋯ 144
　8.3.3 图的连通性和连通分量 ⋯⋯⋯⋯⋯⋯⋯⋯⋯⋯⋯⋯ 145
8.4 图的最小生成树 ⋯⋯⋯⋯⋯⋯⋯⋯⋯⋯⋯⋯⋯⋯⋯⋯⋯ 147
　8.4.1 最小生成树的基本概念 ⋯⋯⋯⋯⋯⋯⋯⋯⋯⋯⋯⋯ 147
　8.4.2 普里姆算法 ⋯⋯⋯⋯⋯⋯⋯⋯⋯⋯⋯⋯⋯⋯⋯⋯⋯ 147
　8.4.3 克鲁斯卡尔算法 ⋯⋯⋯⋯⋯⋯⋯⋯⋯⋯⋯⋯⋯⋯⋯ 150
8.5 最短路径 ⋯⋯⋯⋯⋯⋯⋯⋯⋯⋯⋯⋯⋯⋯⋯⋯⋯⋯⋯⋯ 153
　8.5.1 单源最短路径算法 ⋯⋯⋯⋯⋯⋯⋯⋯⋯⋯⋯⋯⋯⋯ 153
　8.5.2 多源最短路径算法 ⋯⋯⋯⋯⋯⋯⋯⋯⋯⋯⋯⋯⋯⋯ 156
8.6 拓扑排序与关键路径 ⋯⋯⋯⋯⋯⋯⋯⋯⋯⋯⋯⋯⋯⋯⋯ 160
　8.6.1 拓扑排序 ⋯⋯⋯⋯⋯⋯⋯⋯⋯⋯⋯⋯⋯⋯⋯⋯⋯⋯ 160
　8.6.2 关键路径 ⋯⋯⋯⋯⋯⋯⋯⋯⋯⋯⋯⋯⋯⋯⋯⋯⋯⋯ 163
8.7 能力拓展 ⋯⋯⋯⋯⋯⋯⋯⋯⋯⋯⋯⋯⋯⋯⋯⋯⋯⋯⋯⋯ 166
　8.7.1 迷宫最短路径求解 ⋯⋯⋯⋯⋯⋯⋯⋯⋯⋯⋯⋯⋯⋯ 166
　8.7.2 解不等式 ⋯⋯⋯⋯⋯⋯⋯⋯⋯⋯⋯⋯⋯⋯⋯⋯⋯⋯ 169
习题 ⋯⋯⋯⋯⋯⋯⋯⋯⋯⋯⋯⋯⋯⋯⋯⋯⋯⋯⋯⋯⋯⋯⋯⋯ 171

第9章 查找 ⋯⋯⋯⋯⋯⋯⋯⋯⋯⋯⋯⋯⋯⋯⋯⋯⋯⋯⋯⋯⋯ 175
9.1 概述 ⋯⋯⋯⋯⋯⋯⋯⋯⋯⋯⋯⋯⋯⋯⋯⋯⋯⋯⋯⋯⋯⋯ 175
9.2 静态查找表 ⋯⋯⋯⋯⋯⋯⋯⋯⋯⋯⋯⋯⋯⋯⋯⋯⋯⋯⋯ 175
　9.2.1 顺序查找 ⋯⋯⋯⋯⋯⋯⋯⋯⋯⋯⋯⋯⋯⋯⋯⋯⋯⋯ 175
　9.2.2 折半查找 ⋯⋯⋯⋯⋯⋯⋯⋯⋯⋯⋯⋯⋯⋯⋯⋯⋯⋯ 176
　9.2.3 分块查找 ⋯⋯⋯⋯⋯⋯⋯⋯⋯⋯⋯⋯⋯⋯⋯⋯⋯⋯ 177
9.3 动态查找表 ⋯⋯⋯⋯⋯⋯⋯⋯⋯⋯⋯⋯⋯⋯⋯⋯⋯⋯⋯ 179

9.3.1　二叉排序树 ……………………………………………………………… 179

9.3.2　平衡二叉树 ……………………………………………………………… 183

9.4　哈希查找 …………………………………………………………………………… 185

9.4.1　哈希函数 ………………………………………………………………… 186

9.4.2　处理冲突的方法 ………………………………………………………… 187

9.5　能力拓展 …………………………………………………………………………… 188

习题 …………………………………………………………………………………………… 192

第 10 章　排序 ……………………………………………………………………………… 194

10.1　排序的基本概念 ………………………………………………………………… 194

10.2　插入排序 ………………………………………………………………………… 195

10.2.1　直接插入排序 ………………………………………………………… 195

10.2.2　折半插入排序 ………………………………………………………… 198

10.2.3　希尔排序 ……………………………………………………………… 199

10.3　交换排序 ………………………………………………………………………… 202

10.3.1　冒泡排序 ……………………………………………………………… 202

10.3.2　快速排序 ……………………………………………………………… 205

10.4　选择排序 ………………………………………………………………………… 206

10.4.1　简单选择排序 ………………………………………………………… 206

10.4.2　堆排序 ………………………………………………………………… 208

10.5　归并排序 ………………………………………………………………………… 211

10.6　基数排序 ………………………………………………………………………… 212

习题 …………………………………………………………………………………………… 214

第 11 章　索引结构 ………………………………………………………………………… 217

11.1　概述 ……………………………………………………………………………… 217

11.2　静态索引结构 …………………………………………………………………… 218

11.2.1　索引表 ………………………………………………………………… 218

11.2.2　索引表查找 …………………………………………………………… 219

11.3　动态索引结构 …………………………………………………………………… 219

11.3.1　B-树的定义及运算 …………………………………………………… 219

11.3.2　B+树的定义及运算 ………………………………………………… 223

11.4　Trie 树 …………………………………………………………………………… 229

11.4.1　Trie 树的定义 ………………………………………………………… 229

11.4.2　Trie 树的表示 ………………………………………………………… 229

11.4.3　Trie 树的查找 ………………………………………………………… 229

11.5　哈希索引 ………………………………………………………………………… 230

11.5.1　静态哈希索引 ………………………………………………………… 230

11.5.2　动态哈希索引 ………………………………………………………… 230

习题 …………………………………………………………………………………………… 231

第1章

概　　论

◆ 1.1　数据结构简介

数据结构是计算机存储、组织数据的方式,是计算机科学重要的基础课程之一。为有效地存储数据、设计高效的算法进行数据处理和检索,数据结构专门研究数据的逻辑结构和物理结构,并定义合适的运算,设计高效的算法,以满足实际应用需求。

数据结构相关概念如下。

(1)数据:描述客观事物的符号,能被计算机识别并处理的符号集合,包括整型、实型、字符等数字类型,以及声音、图像、视频等非数字类型。

(2)数据元素:组成数据的基本单位,通常作为整体处理,是利用计算机进行数据处理的基本单位。

(3)数据项:数据不可分割的最小单位,如学生结构体中有学号、姓名等数据项。

(4)数据对象:性质相同的数据元素的集合,是数据的子集。

(5)数据结构:数据元素的集合,集合中元素之间存在特定关系。

数据结构可以表示为"数据+结构",其中,数据是描述客观事物的符号,而结构是数据的存储逻辑,包括数据的逻辑结构和存储结构这两个密切相关的方面。算法的设计依赖于数据的逻辑结构,而算法的实现需适应相应的存储结构。

◆ 1.2　数据结构的研究对象

1.2.1　数据逻辑结构

数据的逻辑结构指数据元素间抽象化的相互关系,与数据的具体存储结构无关,但逻辑结构决定元素的存储、处理和信息传递的基本操作。

逻辑结构包括以下几种。

(1)集合:数据元素之间存在属于同一集合的关系。

(2)线性结构:数据元素之间存在前驱、后继等关系,除线性结构中头尾元素外,每个结点有一个前驱和一个后继,体现一对一的相互关系。

(3)树状结构:数据元素之间存在父子关系,一个父结点存在多个子结点,而一个子结点只有一个父结点,体现一对多的相互关系。

（4）图结构：数据元素之间存在互连关系，任何一个顶点都可以连接多个顶点，体现多对多的相互关系。

其中，树状结构、图结构是非线性存储结构，是最常用的数据结构，许多高效的算法都是基于这两种数据结构来设计实现的。

1.2.2　数据物理结构

数据的物理结构是数据结构在计算机中的表示，包括数据元素的表示和数据元素之间关系的表示。数据的物理存储结构包括顺序、链接、索引、散列等多种形式，在具体实现时，同一种逻辑结构可以用多种物理结构加以实现，如线性表可以利用顺序结构进行实现，也可以用链接结构进行实现。

数据元素称为数据域，是数据结构表示的重要信息，在不同的存储结构中称为结点，通常是整型数据、字符型数据，或者是结构体、类类型等复合类型，这些数据都是以二进制的形式进行编码、存储的。

数据元素之间的关系主要是顺序存储结构和链式存储结构，其中，顺序存储结构是在存储器中开辟连续的存储空间，数据的存储在物理空间上是连续的，因此可以通过相对位置进行快速存取，但插入、删除操作效率较低；而链式存储结构通过动态分配内存结点存储数据，结点之间通过指针进行关联，因此，链式存储结构在物理空间上并不连续，使得结点的删除比较方便，而存取操作效率较低。

1.2.3　数据存储结构

1. 顺序存储结构

把数据存储在存储器中相邻的存储位置上，既节省了空间，又能进行数据的快速访问。当获得数据存储区域的地址后，顺序存储结构中其他数据可以通过偏移量（如数组中的脚标）实现对数据的随机存取。顺序存储结构的最大优势在于可以快速访问其中的元素，该优势被其他复杂的数据结构所使用，如哈希表的实现。但数据连续存储使得数据的插入、删除需要移动批量数据，效率较低。

2. 链式存储结构

逻辑上相邻的两个数据元素不一定在物理位置上也要相邻，其逻辑上的相邻可以通过指针加以实现。在实现链式存储结构时，需要使用两个域来描述结点信息，即数据域和指针域。其中，数据域用于存储数据对象，而指针域则用于建立结点之间的相邻关系或者依赖关系。链式存储的最大优势在于结点在物理空间上不相邻，所以在插入、删除结点方面只需要修改指针指向，相对于顺序存储具有更高的便利性。其主要缺点在于无法随机访问，因此，查找指定位置数据需要从表头开始进行遍历，效率较低。

3. 索引存储结构

索引存储结构为了提高查找效率，对数据对象建立了索引表，包含关键字、地址等信息。索引表对关键字进行排序，在查找时可以通过二分等方法进行查找，快速定位到关键字所在的地址。索引存储结构在数据量大的场景被广泛使用，如数据库、文件系统等。采用索引存储结构的优势在于查找速度快，而索引表的建立和维护需要额外的时空开销。

4. 散列(哈希)存储结构

散列(哈希)存储结构主要使用哈希函数对关键字进行计算,得到该关键字对应的数据在顺序表中的入口位置进行后续的存取操作。由于需要查找的数据通过关键字即可计算得到入口位置,并结合顺序存储的优势可以快速定位到相应的位置,因此,数据查找的效率非常高,时间开销是 $O(1)$。散列(哈希)存储时需要解决多个关键字对应一个入口的冲突问题,需要额外的时空开销。

◇ 1.3　常用数据结构

1.3.1　数组

数组(Array)是线性存储结构,通过在存储器中分配连续存储空间将具有相同类型的若干变量有序地组织在一起。数组是最基本的数据结构,按照所存放数据元素的类型不同,数组可以定义为整型数组、字符型数组、浮点型数组、指针数组和结构数组等。同时,数组还可以有一维、二维以及多维存储结构。

1.3.2　栈

栈(Stack)是一种操作受限的线性表,可以用连续存储结构或者链式存储结构实现。栈只能在线性表的一端进行操作,主要操作包括入栈、出栈,表现为后进先出的特点。栈是基本的数据结构,在算法设计中得到了广泛的应用,如递归、分治、回溯等都是基于栈的原理实现的。

1.3.3　队列

队列(Queue)和栈类似,也是一种操作受限的线性表。队列允许在线性表的一端进行插入操作,在另一端进行删除操作,表现为先进先出的特点。队列在数据结构的算法设计中也成为一个基础的功能被广泛使用,如广度优先搜索、树的层序遍历等。

1.3.4　链表

链表(Linked List)是通过使用指针实现数据元素之间关系的结构,其在物理空间上并不连续。使用链表进行存储需要定义{数据域,指针域}的结构体来存储数据并维护数据之间的关系。相对于数组连续存储方式,链表在表示结点之间的关系方面具有明显的优势,因此,被广泛使用于树、图、哈希等结构中。

1.3.5　树

树(Tree)是典型的非线性结构。对于有 n 个结点的树 T,存在一个根结点,其他 $n-1$ 个结点构成 k 个互不相交的子集 T_1、T_2、$\cdots$、T_k,每个子集构成一个子树。这 k 个子树的根结点构成 T 的孩子结点。树状结构是非常常用的一种数据结构,在递归结构数据表示、查找、编码中应用广泛。

1.3.6　图

图(Graph)是另一种非线性数据结构。在图结构中,数据结点称为顶点,顶点之间存在关系则以边进行表示。在实际应用中,数据之间表现出复杂的关系,需要用图结构进行表示。图的主要操作包括深度/广度优先遍历、最小生成树、最短路径、拓扑排序、关键路径等,是现实世界中复杂问题表示和求解的主要手段。

1.3.7　堆

堆(Heap)是一种特殊的树状数据结构,其特点是根结点的值是所有结点中最小的或者最大的,分别称为小根堆和大根堆,并且根结点的两个子树也是一个堆结构。堆在查找最小值(最大值)方面具有明显的优势。STL(Standard Template Library,标准模板库)的优先队列是基于堆的一个实现。

1.3.8　散列(哈希)表

散列(哈希)表的核心思想在于利用哈希函数快速计算出关键字在数组中的入口位置,以进行快速查找。由于存在多个关键字的哈希值相同的情况,所以,散列(哈希)表在实现时需要使用链表等结构来解决冲突。当散列(哈希)表中存储元素超过阈值后,冲突的情况会逐步增加,因此,需要扩展散列(哈希)表并重新散列。散列(哈希)表在查找和数据库索引中得到广泛使用。

由于常用数据结构包含数据存储、数据操作,可以按照面向对象的方式进行抽象数据定义并加以实现,所以本书将使用 C++ 的面向对象编程来进行类的定义和实现。

◇ 1.4　数据结构常用运算

数据结构主要研究数据的逻辑结构,并选择适当的存储表示方法把逻辑结构组织好的数据存储到计算机的存储器中。针对不同的逻辑结构和存储结构,需要研究、设计更有效的处理数据的算法,提高数据运算效率。

1.4.1　数据结构常用的运算

(1) 检索:在数据结构里查找满足一定条件的结点,一般是指定关键字并找出该关键字对应的数据元素。

(2) 插入:往数据结构中增加新的结点,数据结构不同插入的方法也不相同,如数组中元素的插入、链表中元素的插入、树状结构中元素的插入等。

(3) 删除:把指定的结点从数据结构中去掉,由此可能导致其他后续操作以维持原数据结构。

(4) 更新:改变指定结点的一个或多个字段的值,并进行后续操作以保持数据结构的正确性。

(5) 排序:把结点按某种指定的顺序重新排列,主要包括升序排序和降序排序。

1.4.2 算法性能分析

数据结构的操作涉及算法的设计,为了评价算法的性能,可以对算法效率按如下方法进行量度。

(1) 事后统计法:通过设计好的测试程序和数据对算法进行测试,利用计算消耗的时间来评价算法优劣。这种方法受限于计算机的硬件性能、数据规模和特点等多方面的影响,可能不能客观地评价算法的性能。

(2) 事前分析估计法:通过对算法的主要环节进行分析,得出算法执行的时间开销增长率与问题规模增长之间的函数关系,定性地评价算法性能。这种方法是目前主流的算法性能分析方法。

评价算法性能的主要指标是时间复杂度和空间复杂度。其中,时间复杂度是主要衡量标准,具体的表示方法在《算法设计与问题求解》中有详细的介绍,在本书中对算法复杂度进行简单介绍,使读者初步具备算法复杂度分析能力。

算法复杂度主要描述算法执行时间增长率 $T(n)$ 与问题规模 n 增长之间的关系。有的问题随着问题规模 n 的增长呈线性关系,如顺序查找算法;有的呈平方关系,如冒泡排序;有的呈指数关系,如 Hannoi 塔问题。

一般用 $O(f(n))$ 的形式来评价算法执行的时间复杂度 $T(n)$,具体推导过程如下。

(1) 通过迭代或者递推关系找到函数关系 $T(n)=g(n)$。

(2) 去掉 $g(n)$ 的最高阶项之外的所有项,只保留最高阶项 $cf(n)$。

(3) 去掉所保留的最高阶项系数 c,最终得到 $f(n)$。

至此,可以将 $T(n)$ 表示为 $O(f(n))$,即 $T(n)=O(f(n))$。

空间复杂度主要分析算法执行所需空间增长率与问题规模 n 增长之间的关系,表示为 $S(n)=O(f(n))$,其中,$f(n)$ 是所需空间的函数表达。

◇ 习 题

1. 什么是数据、数据元素、数据关系?

2. 数据结构的主要研究对象是什么?

3. 数据存储结构主要包括哪几种? 各自的优点与缺点是什么?

4. 常用的数据结构有哪些?

5. 算法性能的评价主要采用哪种方式? 主要过程是什么?

C++ 编程入门

◆ 2.1 语法基础

2.1.1 数据类型

C++ 数据类型分为基本类型和复合类型。基本类型则包括整型、字符型、浮点型、布尔型等,复合类型包括数组、字符串、指针、结构体、类等。

其中,整型、字符型、浮点型与 C 语言用法一致。同时,C++ 提供了布尔型数据类型表示逻辑结果,用 false 表示假、true 表示真,相对于 C 语言用整型数据表示逻辑更加安全,因为布尔型逻辑结果不能参与算术运算。

C++ 中基本类型的占用内存大小可以通过以下代码进行验证。

```cpp
#include <iostream>

using namespace std;

int main(){
    cout <<"int:" <<sizeof(int)<<" byte(s)"<<endl;
    cout <<"char:" <<sizeof(char)<<" byte(s)"<<endl;
    cout <<"float:" <<sizeof(float)<<" byte(s)"<<endl;
    cout <<"double:" <<sizeof(double)<<" byte(s)"<<endl;
    cout <<"long long:" <<sizeof(long long)<<" byte(s)"<<endl;
    return 0;
}
```

运行结果:

```
int:4 byte(s)
char:1 byte(s)
float:4 byte(s)
double:8 byte(s)
long long:8 byte(s)
```

复合数据类型的语法与 C 语言中相应的数据类型语法相同,包括数组、字符串、指针、结构体,而类则是 C++ 语言提供的面向对象的编程机制,详细介绍见后续。

2.1.2　输入输出

C++ 可以使用 C 语言提供的函数进行输入输出,同时也提供了一套自有的方式进行输入输出,即 cin、cout 语句,需要包含头文件<iostream>。

具体功能描述如下。

输入:cin>>x

功能:从输入流中提取一个数存入变量 x。

输出:cout<<"x="<<x<<endl;

功能:输出内容。

例 2.1　输入两个整数,输出两者之和。

```cpp
#include <iostream>

using namespace std;

int main(){
    int x,y;
    cout<<"输入 x,y"<<endl;
    cin >>x >>y;
    cout <<x <<"+" <<y <<"= "<<x +y <<endl;
    return 0;
}
```

运行结果:

```
输入 x,y
2
3
2+3=5
```

2.1.3　命名空间

命名空间用于消除程序中的同名问题,其方法是将一组给定的函数名、变量名等与一个命名空间关联起来。

以下代码定义 myspace 命名空间,包含 param 变量和 getName()函数。

```cpp
namespace myspace{
    int param;
    char * getName();
};
```

此时,变量 param、函数 getName()属于命名空间 myspace,不会与其他命名空间中的同名变量、函数重复。

带命名空间的变量、函数的使用方法如下。

```
namespace_name::identifier
```

以 myspace 中的变量、函数调用为例,其完整的调用如下。

```
myspace::getName();
myspace::param;
```

在定义 myspace 的代码中同时定义一个同名函数 getName(),如以下代码所示。

```
#include <iostream>

using namespace std;

namespace myspace{
    int param;
    char * getName();
};

char * myspace:: getName(){          //命名空间 myspace 中的 getName()函数
    return "jack";
}

char * getName(){                    //不属于命名空间中的 getName()函数
    return "jerry";
}

int main(){
    //调用 myspace 中的 getName()函数
    cout<<myspace::getName()<<endl;
    return 0;
}
```

运行结果:

```
jack
```

显然,程序能够通过命名空间解决函数、变量同名引起的冲突问题。在不存在冲突的情况下可以省略命名空间的名字,如在例 2.1 中使用 cin、cout 时并没有注明命名空间 std。

2.1.4　内存分配与回收

与 C 语言中的 malloc 类似,C++ 提供了更为便捷的 new、delete 操作用于堆空间的内存分配与回收。

内存分配:操作符 new 用于从堆中分配指定大小的内存区域,并返回所分配内存区域的首地址。相较于 malloc 函数,new 操作符可以自动计算大小,无须指针转换。

用法示例:

```
int * arr=new int[100];
```

delete：用于释放 new 分配的堆内存。

用法示例：

```
delete[] arr;
```

相较于栈空间系统主动回收内存，堆空间的内存需要用户自己回收，所以在用 new 分配空间时应同步写上 delete 语句进行回收，防止内存泄露。

2.1.5　引用

引用是某个对象（即变量）的别名，定义形式如下。

```
类型 & 引用名=变量名;
```

例如：

```
int a= 10;
int &b= a;
```

此时，引用 b 会指向变量 a。与指针能够进行运算不同，引用不能进行＋＋、－－等操作，因此，引用更加安全。

注意：

（1）在变量声明时出现 & 才是引用运算符，其他地方的 & 都是取址运算符。

（2）引用代表一个变量的别名，必须在定义时初始化，不能在定义完成后再赋值。

（3）一个引用只能作为一个变量的别名。

在函数调用中，对于引用类型的参数，如果在函数中修改该参数，则实际上是修改引用所指向的实参的值，示例如下。

```
#include <iostream>

using namespace std;

void test(int & j){
    j ++;
}

int main() {
    int i =10;
    cout<<"before function call:i="<<i<<endl;
    test(i);
    cout<<"after function call:i="<<i<<endl;
    return 0;
}
```

运行结果：

```
before function call:i=10
after function call:i=11
```

2.1.6   内联函数

内联函数主要的目的是提高函数的执行效率，用关键字 inline 定义函数即可将函数指定为内联函数。内联函数在编译时直接将函数体插入函数调用的地方，省去了普通函数调用时压栈、跳转和返回的开销。

例如：

```
inline int max(int a, in b){
    return a >b ? a : b;
}
```

使用内联以后，在调用函数的地方直接插入函数体，因此内联函数与宏指令非常相似，但存在如下区别。

（1）宏是由预处理器对宏进行替代，而内联函数是通过编译器来实现的。

（2）宏定义只是简单的文本替换，内联函数直接被嵌入目标代码中。

（3）宏定义没有参数类型检查，内联函数有类型检查，更为安全。

注意：

（1）一般而言，只有几行程序代码的、经常被调用的简单函数适宜作为内联函数。

（2）内联对于编译器只是建议，当函数中存在循环或者递归等复杂代码时，内联会被忽略，不会直接展开。

2.1.7   运算符重载

C++预定义中的运算符的操作对象只局限于基本的内置数据类型，但是对于自定义的类型（类）是无法直接操作的。运算符重载可以对这些运算符进行重新定义，赋予其新的功能，使运算操作能够适应于自定义的类型（结构体或者类）。

例 2.2   定义 Student 结构体，并指定不同结构体比较大小的方法。

因为 Student 为一种复合数据类型，无法直接比较大小，因此需要定义两个结构体进行比较的方法，代码如下。

```
#include <iostream>

using namespace std;

struct Student{
    int sno;
    string sname;

    //定义结构体比较大小的方法
    bool operator>(struct Student& stu){
        return sno >stu.sno;
    }
};
```

```
int main(){
    struct Student stu ={102,"Jerry"};
    struct Student s ={101,"Tom"};
    if(stu >s){
        cout<<"sno:"<<stu.sno<<" sname:"<<stu.sname<<endl;
    }else{
        cout<<"sno:"<<s.sno<<" sname:"<<s.sname<<endl;
    }
    return 0;
}
```

2.1.8　函数重载

函数重载(overload)指函数名相同,但参数列表不同。在调用重载函数时,应确定调用实参与形参匹配的函数,因此,同名函数的参数列表要有所不同,防止出现二义性。

函数重载示例如下。

```
#include <iostream>
#include <string.h>

using namespace std;

int max(int x, int y){
    return x >y ? x : y;
}

char * max(char * s1, char * s2){
    return strcmp(s1,s2) >=0 ? s1:s2;
}

int main(){
    int a =10, b =20;
    cout<<max(a,b)<<endl;
    return 0;
}
```

从示例中可以看出,通过匹配参数的类型即可确定调用的函数。参数列表的差异可以是参数类型不同、数量不同、顺序不同等,而在主流的编译器中返回类型的差异不能成为调用重载函数的依据。

2.1.9　异常

异常是一种处理错误的方式,当一个函数发现自己无法处理的错误时就可以抛出异常,让函数直接或间接的调用者处理这个错误。

异常处理的主要代码结构如下。

```
try{
    ...
    throw 异常
    ...
}catch(异常){
    处理异常
}
```

throw：当问题出现时,通过 throw 抛出一个异常。

try：产生并抛出特定异常,该异常将被后面跟着的 catch 块捕获。

catch：在需要处理异常的地方捕获异常并处理。

例 2.3　被 0 除异常处理。

```cpp
#include <iostream>

using namespace std;

int main(){
    int a =10, b =0;
    try{
        if(b ==0){
            throw "divided by zero";        //除数为 0,抛出异常,try 块
                                            //里的代码终止执行
        }
        cout<<"throw exception"<<endl;
        int c =a / b;
    }catch(const char * err_msg){           //捕获异常
        cout<<"error message:"<<err_msg<<endl;   //处理异常
    }
    cout<<"after exception catched"<<endl;
    return 0;
}
```

运行结果:

```
error message:divided by zero
after exception catched
```

从运行结果可知,虽然程序在运行的过程中抛出了异常,但是异常处理完毕后程序仍然正常运行。这种机制能够保证复杂度较高的系统正常运行,当系统因为外部环境改变、数据获取失败等原因造成系统不能正常运行,系统仍然能够给用户提供有意义的错误信息,提高了系统的稳定性、改善了用户体验。

◇ 2.2　类 与 对 象

2.2.1　概述

面向对象程序设计(Object Oriented Programming,OOP)是一种将面向对象的思想应用于软件开发过程并指导开发活动的系统方法,其中核心概念是类和对象。

类(Class)是现实世界或思维世界中的实体在计算机中的反映,它将数据以及这些数据上的操作封装在一起,而对象(Object)是具有特定类类型的变量。

如图 2.1 所示,现实世界中有多个圆,这些圆的大小各不相同,但它们都有相同的属性,即半径,以及求面积的操作。

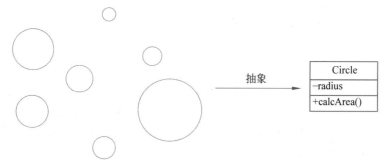

图 2.1　对不同的圆进行抽象得到圆的类

类是对一群具有相同属性和行为的对象的描述(抽象),其定义形式如下。

```
class 类名{
private:
    私有数据和成员函数;
public:
    公有数据和成员函数;
};
```

根据类的定义,对这些圆进行抽象,可得圆的类 Circle,在 Circle 中描述了圆的半径(radius)以及圆的求面积的操作(calcArea())和求周长操作(calcPerimeter())。

```
class Circle{
private:
    double radius;
public:
    double calcArea();
    double calcPerimeter();
};
```

public 与 private 是访问权限修饰符。被 public 修饰的属性和函数可以在类内部与类外部被访问,被 private 修饰的属性和函数只能在类内部被访问。成员 radius 由 private 修饰,意味着外界不能直接访问,如果外界要访问,则需要通过合法的接口进行访问,保证了数据的安全性,实现了类的封装。

成员函数可以访问本类中的任何成员。一般的做法是将需要被外界调用的成员函数指定为 public,是类的对外接口。有的函数并不是准备为外界调用的,而是为本类中的成员函数所调用的,应该指定为 private。

成员函数定义方法:

```
返回类型 类名::成员函数名(参数列表){
    函数体
}
```

Circle 类中 calcArea()是成员函数,可以按如下方法进行定义。

```
double Circle::calcArea(){
    return 3.14 * radius * radius;
}
```

2.2.2　构造函数

构造函数(Constructor)的命名必须和类名完全相同,其功能主要用于在类的对象创建时定义初始化的状态。构造函数没有返回值,也不能用 void 来修饰,不能被直接调用,只能在创建对象时才会自动调用。

构造函数定义形式:

```
类名::类名(参数列表){
    初始化代码
}
```

例 2.4　构造函数示例。

```
class Circle{
private:
    double radius;
public:
    Circle();
    Circle(double rds);                //重载构造函数
    double calcArea();
};

Circle::Circle(){
    radius =0;                         //无参构造函数,用默认值初始化半径
}

Circle::Circle(double rds){            //有参构造函数,用参数初始化半径
    radius =rds;
}
```

通过提供重载构造函数,方便用户使用合适的构造函数进行对象的实例化。

2.2.3　对象的定义与使用

在类定义之后，可以将类视为一种新的数据类型，选择某一构造函数来定义对象，其形式与普通变量的定义相似，主要有如下几种情形。

```
Circle circle;                  //使用构造函数 Circle()
Circle circle1(10);             //使用构造函数 Circle(double rds)
Circle * c =new Circle;         //使用构造函数 Circle()，并返回对象的地址
Circle * c =new Circle(10);     //使用构造函数 Circle(double rds)，并返回对象的地址
Circle * c =& circle;           //使用指针指向对象
```

对象的成员函数的调用通过"."或者"->"进行调用：

```
circle.calcArea();
c->calcPerimeter();
```

2.2.4　默认构造函数

如果一个类没有定义任何构造函数，编译器会为该类产生一个默认构造函数，该函数只负责创建对象，不做初始化工作。当类中定义了任何形式的构造函数，系统就不再产生默认构造函数了。

```
class Circle{
private:
    double radius;
public:
    Circle(double rds);
    double calcArea();
    double calcPerimeter();
    ...
};
```

在上述代码的基础上按下述语句构建对象。

```
Circle c;
```

此时，编译器将会产生错误，因为这条语句需要调用无参构造函数，而在 Circle 类中有一个有参构造函数，默认无参构造函数将会消失，所以没有无参构造函数可供调用。

在实际应用中，可以为构造函数的参数提供默认值，代码如下。

```
class Circle{
private:
    double radius;
public:
    Circle(double rds=10);              //带默认值的有参构造函数
    double calcArea();
```

```
        double calcPerimeter();
        …
};
```

通过带默认值的构造函数实例化对象时可以不必提供参数,编译器会使用默认参数值进行初始化。此时,通过 Circle c 构建对象将是正确的。

在本次对象构造时,虽然形式上没有提供参数,但 Circle 类中唯一的构造函数的参数有默认值,所以在调用时可以不提供参数。

如果在 Circle 类中同时定义了无参构造函数 Circle(),则该语句构建对象时将会导致语法错误,因为编译器无法确定是调用了无参构造函数还是调用了带默认参数值的构造函数,存在二义性问题。

2.2.5　成员初始化列表

初始化列表是一种用于初始化成员变量的语法结构,可以在类的构造函数中使用,用于初始化类的成员变量。

成员初始化列表形式:

```
构造函数名(参数表):成员 1(初始值参数),成员 2(初始值参数)…
Circle::Circle(double rds):radius(rds){//通过成员初始化列表初始化成员变量 radius
}
```

说明:

(1) 构造函数初始化列表中的成员初始化次序与它们在类中的声明次序相同,与其在初始化列表中的次序无关。

(2) 构造函数初始化列表先于构造函数体中的语句执行。

以下类成员必须采用成员初始化列表进行初始化:常量成员、引用成员、类对象成员、派生类构造函数对基类构造函数的调用。

将 Circle 类进行修改,加入常量 PI。此时,需要利用成员初始化列表对常量 PI 进行初始化。

```
#include <iostream>
#include <string.h>

using namespace std;

class Circle{
private:
    double radius;
    const double PI;
public:
    Circle(double rds,double pi);
    double calcArea();
};
```

```
Circle::Circle(double rds, double pi):radius(rds),PI(pi){   //初始化成员变量、常量
}

double Circle::calcArea(){
    return PI * radius * radius;
}
int main(){
    Circle c(10,3.14);
    cout<<"area:"<<c.calcArea()<<endl;
    return 0;
}
```

运行结果：

```
area: 314
```

2.2.6　this 指针

this 指针是用于标识一个对象自引用的隐式指针，由 const 进行修饰，只能用在类的内部调用类的成员函数和成员变量。

利用 this 对类的成员进行访问的方式如下。

```
this->成员函数(实参);
this->成员变量;
```

同时，通过 this 可以标识所调用的变量和函数是类的成员，由此可以将类的成员与传入的参数进行区分，有利于提高程序的可读性。

```
#include <iostream>
#include <string.h>

using namespace std;

class Circle{
private:
    double radius;
    const double PI=3.14;
public:
    Circle(double radius);
    double calcArea();
};

Circle::Circle(double radius){
    this->radius =radius;    //将形参赋值给成员变量，虽然两者都标识为 radius,但赋值操作
}                            //的左侧由 this 修饰,说明该 radius 是成员变量,右侧则为参数
```

```
double Circle::calcArea(){
    return PI * this->radius * this->radius;
}
int main(){
    Circle c(10);
    cout<<"area:"<<c.calcArea()<<endl;
    return 0;
}
```

2.2.7　析构函数

析构函数(Destructor)与构造函数相反,当对象结束其生命周期时,系统自动执行析构函数。析构函数往往用于释放内存,如在析构函数中调用 delete 释放由 new 开辟的内存空间。

析构函数名与类名相同,在函数名前面加一个位取反符～。析构函数不能带任何参数,也没有返回值。

析构函数形式:

```
类名::～类名(){}
```

◆ 2.3　继　　承

2.3.1　继承与派生的概念

类继承是 C++ 语言的一种重要机制,该机制自动地为一个类提供已有类的数据结构和操作。这使得程序员在建立新类时,只需在新类中定义已有类中没有的成员,实现代码复用。

继承与派生是同一过程从不同角度的称呼。继承是保持已有类的特性而构造新类的过程,派生是在已有类的基础上新增自己的特性而产生新类的过程。被继承的已有类称为基类(或父类),派生出的新类称为派生类(或子类)。

2.3.2　继承语法形式

在 C++ 中继承的语法形式为

```
class 派生类: 继承访问控制 基类{
public:
    共有成员列表
protected:
    受保护成员列表
private:
    私有成员列表
};
```

以 Circle 类为基类派生圆柱体类 Cylinder,结构如下。

```
class Circle{
private:
    double radius;
    const double PI = 3.14;
public:
    Circle(double radius);
    double calcArea();
};

//Cylinder 是 Circle 的子类或者派生类,在 Circle 类的基础上增加 height 属性
class Cylinder: public Circle{
private:
    double height;
public:
    Cylinder(double radius, double height);
};
```

2.3.3　访问控制规则

继承访问控制可以是 public、protected 或 private,以定义基类成员在派生类中的访问属性。继承时,若使用 public 作为继承访问控制,则称该继承为公有继承,称派生类为基类的公有派生类。

类成员的访问控制规则,√ 表示可访问,× 表示不可访问,如表 2.1 所示。

表 2.1　类成员的访问控制规则

访问控制	类本身	派生类	其他类或函数
public	√	√	√
protected	√	√	×
private	√	×	×

在基类通过 public、protected 或 private 这 3 种方式被继承后,其基类成员的访问控制规则如表 2.2 所示。

表 2.2　基类成员的访问控制规则

基类成员访问控制	基础访问控制方式	派生类中的访问控制	其他类或者函数
public		public	√
protected	public	protected	×
private		×	×
public		protected	×
protected	protected	protected	×
private		×	×

续表

基类成员访问控制	基础访问控制方式	派生类中的访问控制	其他类或者函数
public		private	×
protected	private	private	×
private		×	×

由此可知，派生类中成员的访问属性由继承类别决定。

（1）公有继承时，基类中的所有成员访问属性在派生类中不变。

（2）保护继承时，基类中的 public 成员在派生类中呈现 protected 属性，其他成员的访问属性在派生类中不变。

（3）私有继承时，基类中的所有成员访问属性在派生类中呈现 private 属性。

2.3.4 派生类构造函数定义

派生类只能采用构造函数初始化列表的形式向基类或者成员对象的构造函数传递参数，形式如下。

```
派生类构造函数名(参数列表):基类构造函数名(参数列表),成员对象名(参数表),…{
    …
}
```

通过 Cylinder 初始化底面圆的半径：

```
Cylinder::Cylinder(double radius,double height):Circle(radius){
    this->height =height;
}
```

通过初始化参数列表，主动调用基类的构造函数 Circle(double radius)实现参数的传递。

2.3.5 派生类构造函数与析构函数调用次序

例 2.5 验证构造函数与析构函数的调用顺序。

```cpp
# include <iostream>

using namespace std;

class Circle{
    public:
        Circle(){cout<<"Constructing Circle"<<endl;}
        ~Circle(){cout<<"Destructing Circle"<<endl;}
};
class Cylinder:public Circle{
    public:
```

```
        Cylinder(){cout<<"Constructing Cylinder"<<endl;}
        ~Cylinder(){cout<<"Destructing Cylinder"<<endl;}
};
int main(){
        Cylinder cylinder;
        return 0;
}
```

运行结果：

```
Constructing Circle
Constructing Cylinder
Destructing Cylinder
Destructing Circle
```

（1）派生类可以不定义构造函数的情况。

① 基类没有定义任何构造函数。

② 基类具有无参构造函数，或者全部参数都指定了默认值的构造函数。

例 2.6　派生类不定义构造函数。

```
#include <iostream>

using namespace std;

class Circle{
public:
    Circle(){cout<<"Constructing Circle"<<endl;}
    ~Circle(){cout<<"Destructing Circle"<<endl;}
};
class Cylinder:public Circle{
public:
    ~Cylinder(){cout<<"Destructing Cylinder"<<endl;}
};
int main(){
    Cylinder cylinder;
    return 0;
}
```

在派生类 Cylinder 中没有定义构造函数，系统会为 Cylinder 产生一个默认构造函数
Cylinder()：Circle(){}，在构造 Cylinder 类对象时，引发构造函数 Cylinder() 的执行，
Cylinder() 的执行会首先引发基类构造函数 Circle() 的执行，运行结果如下。

```
Constructing Circle
Destructing Cylinder
Destructing Circle
```

（2）派生类必须定义构造函数的情况。

基类或成员对象所属类只含有带参数的构造函数时。

例 2.7　派生类必须定义构造函数示例。

```cpp
#include <iostream>

using namespace std;

class Circle{
private:
    double radius;
public:
    Circle(double radius){
        cout<<"Constructing Circle:radius ="<<radius<<endl;
    }

    ~Circle(){
        cout<<"Destructing Circle"<<endl;
    }
};

class Cylinder:public Circle{
private:
    double height;
public:
    ~Cylinder(){
        cout<<"Destructing Cylinder"<<endl;
    }
};
int main(){
    Cylinder cylinder;
    return 0;
}
```

分析:

Circle 类中仅有一个构造函数:Circle(double radius)。

Cylinder 类中没有定义构造函数,按照规则系统将自动产生一个默认无参构造函数:Cylinder::Cylinder():Circle(){}。

构造 Cylinder 类对象时,首先调用基类构造函数 Circle()。由于 Circle 类中存在有参构造函数,系统将不再为 Circle 类产生默认无参构造函数,因此,Circle 类中没有无参构造函数 Circle(),所以上述代码存在语法错误。

在 Cylinder 类中添加构造函数,并主动调用基类的有参构造函数,修改程序如下。

```cpp
#include <iostream>

using namespace std;

class Circle{
private:
```

```
        double radius;
public:
    Circle(double radius){
        cout<<"Constructing Circle:radius ="<<radius<<endl;
    }

    ~Circle(){
        cout<<"Destructing Circle"<<endl;
    }
};

class Cylinder:public Circle{
private:
    double height;
public:
    Cylinder(double radius, double height) : Circle(radius){
        this->height =height;
    }

    ~Cylinder(){
        cout<<"Destructing Cylinder"<<endl;
    }
};
int main(){
    Cylinder cylinder(1.0,2.0);
    return 0;
}
```

虽然基类没有无参构造函数,但在派生类中添加了有参构造函数 Cylinder(double radius,double height):Circle(radius),该语句主动调用了基类的有参构造函数,所以消除了语法错误。

运行结果:

```
Constructing Circle:radius =1
Destructing Cylinder
Destructing Circle
```

2.3.6　构造函数与析构函数构造规则

派生类的构造函数只负责直接基类的初始化,当派生类具有多个基类和对象成员时,构造函数调用顺序为

基类构造函数→对象成员构造函数→派生类构造函数

例 2.8　构造函数与析构函数构造规则。

```
#include <iostream>
```

```
using namespace std;

class Circle{
private:
    double radius;
public:
    Circle(double radius){
        this->radius =radius;
        cout<<"Constructing Circle: radius = "<<this->radius<<endl;
    }

    ~Circle(){
        cout<<"Destructing Circle"<<endl;
    }
};

class Square{
private:
    double length;
public:
    Square(double length){
        this->length =length;
        cout<<"Constructing Square: length = "<<this->length<<endl;
    }
};
class Cylinder:public Circle{
private:
    Square s;
    double height;
public:
    Cylinder (double radius, double height, double length):Circle (radius), s
    (length){
        this->height =height;
        cout<<"Constructing Cylinder"<<endl;
    }

    ~Cylinder(){
        cout<<"Destructing Cylinder"<<endl;
    }
};

int main(){
    Cylinder cylinder(1,2,3);
    return 0;
}
```

运行结果：

```
Constructing Circle: radius =1
```

```
Constructing Square: length = 3
Constructing Cylinder
Destructing Cylinder
Destructing Circle
```

◆ 2.4　多　　态

2.4.1　多态的概念

多态是指不同对象收到相同消息时会执行不同的操作。消息是指对类的成员函数的调用,不同的行为是指不同的实现,也就是调用了不同的函数,即"一个接口,多种实现"。

多态的实现方式主要有以下两种。

1. 静态多态(重载,模板)

在编译的时候确定调用函数。如在重载函数调用时,需要通过函数的参数列表来确认调用的函数。

2. 动态多态(覆盖,虚函数实现)

在运行的时候才确定调用的函数,使用基类指针指向派生类的对象,并调用派生类的函数。

2.4.2　虚函数

虚函数是实现 C++ 多态的基础,通过基类访问派生类定义的函数实现多态。虚函数用 virtual 关键字说明,只能修饰非静态的成员函数,虚函数经过派生之后,就可以实现运行过程中的多态。

C++ 中引入了虚函数的机制在派生类中可以对基类中的成员函数进行覆盖(重定义,Override)。

虚函数的声明形式:

```
virtual 函数类型 函数名(形参表) {
        函数体
}
```

例 2.9　父类指针指向子类对象。

```cpp
#include <iostream>

using namespace std;

class Circle {
public:
    void display() {
        cout <<"Circle::display()" <<endl;
    }
};
```

```
class Cylinder:public Circle {
public:
    void display() {
        cout <<"Circle::display()" <<endl;
    }
};
class HollowCylinder: public Cylinder {
public:
    void display() {
        cout <<"HollowCylinder::display()" <<endl;
    }
};
void fun(Circle * ptr) {
    ptr->display();
}

int main() {
    Circle circle;
    Cylinder cylinder;
    HollowCylinder hollowCylinder;
    fun(&circle);
    fun(&cylinder);
    fun(&hollowCylinder);
    return 0;
}
```

运行结果：

```
Circle::display()
Circle::display()
Circle::display()
```

虽然代码中使用父类指针指向子类对象，但运行结果并没有实现多态，其中的主要原因是父类中的 display()函数不是虚函数，没有实现动态绑定。

为此，修改代码，在 display 前面加上 virtual 来定义虚函数：

```
class Circle{
    public:
        virtual void display(){cout<<"Circle::display()"<<endl;}        //虚函数
};
```

此时，父类指针指向不同的子类对象，执行逻辑不相同，实现了多态，运行结果如下。

```
Circle::display()
Cylinder::display()
HollowCylinder::display()
```

2.4.3　虚析构函数

如果需要允许基类指针调用派生类对象的析构函数，就要让基类的析构函数成为虚函数。

```cpp
#include <iostream>

using namespace std;

class Circle {
public:
    ~Circle() {
        cout<<"Circle destructor" <<endl;
    }
};

class Cylinder: public Circle{
private:
    int * color;
public:
    Cylinder(){
        color =new int[10];
    }

    ~Cylinder(){
        cout <<"Cylinder destructor"<<endl;
        delete color;
    }

};

void exec(Circle * b) {
    delete b;
}

int main() {
    Circle * b =new Cylinder();
    exec(b);
    return 0;
}
```

运行结果：

```
Circle destructor
```

没有调用~Cylinder()，可能造成内存泄露。避免上述错误的有效方法就是将基类 Circle 的析构函数声明为虚函数，运行结果变为

```
Cylinder destructor
Circle destructor
```

2.4.4　纯虚函数与抽象类

纯虚函数与抽象类

纯虚函数是一个在基类中声明的虚函数，声明格式为

```
class 类名{
    virtual 类型 函数名(参数表) =0; //纯虚函数
        …
};
```

带有纯虚函数的类称为抽象类，主要用于类的顶层设计，用于说明某一类型应该具有的功能或者操作，但其具体实现需要延迟到子类中。

注意：抽象类只能作为基类来使用，不能声明抽象类的对象。构造函数不能是虚函数，析构函数可以是虚函数。

例 2.10　编写不同的几何形状类，并对这些类的对象进行求和。

以 Rectangle、Circle 类编写为例，可以按照如下方式编写程序。

```
class Rectangle{
    private:
        double width, height;
    public:
        Rectangle(double width, double height){
            this->width =width;
            this->height =height;
        }
        double area(){
            return width * height;
        }
};

class Circle{
    private:
        static const double PI =3.14;
        double radius;
    public:
        Circle(double radius){
            this->radius =radius;
        }
        double area(){
            return PI * radius * radius;
        }
};
```

这种方法构造出的 Rectangle、Circle 对象之间没有关系，无法统一管理，所以在对一批集合形状对象进行求和时是不方便的，代码如下。

```
double sumArea(Rectangle rect[],Circle circle[]);
```

如果还有新的几何形状 Square 要加入,则函数需要进一步修改:

```
double sumArea(Rectangle rect[],Circle circle[],Square square[]);
```

显然,这样设计的类导致程序的适应性不强。实际上,这些二维图形类可以抽象出一个父类 Shape,从概念上来看,Shape 是一个不具体的类型,所以应该设计为抽象类。

代码修改如下。

```
class Shape{
    public:
        //Shape 是抽象的形状,有求面积的功能,但计算方法并不确定
        //因此,求面积操作是抽象函数,功能实现延迟到具体的子类中
        virtual double area() =0;
};

class Rectangle : public Shape{…};
class Circle: public Shape{…};

/* 在子类 Rectangle、Circle 中,求面积操作则成为一个具体的计算任务。
定义 Shape * shapes[]父类指针数组,数组中元素指向不同的子类对象,并作为参数传递给函数,
利用多态来计算不同子类对象的面积 */

double sumArea(Shape * shapes[], int size){
    double sum =0;
    for(int i =0; i <size; i ++){
        sum +=shapes[i]->area();
    }
    return sum;
}
//即使需要加入新的子类对象,也只需要将子类对象加入到数组 shapes 中,不需要修改
//sumArea 函数的参数结构
```

◆ 2.5　模板与容器

2.5.1　模板概念

模板(Template)是 C++ 语言的一项重要技术,具有如下优势。

(1) 代码重用的重要机制,是泛型技术(即与数据类型无关的通用程序设计技术)的基础。

(2) 区分算法与数据类型,能够设计出独立于具体数据类型的模板程序。

(3) 模板程序能以数据类型为参数生成针对该类型的实际程序代码。

模板分为函数模板和类模板。

2.5.2   函数模板

例 2.11   函数模板示例。

求最大值的函数,对于不同的数据类型具有相同的逻辑,代码如下。

```
int max(int a, int b){return a > b ? a : b;}
double max(double a, double b){return a > b ? a : b;}
float max(float a, float b){return a > b ? a : b;}
char max(char a, char b){return a > b ? a : b;}
```

如果将这些函数的类型进行参数化,可以得到如下形式。

```
template<class T>
T max(T a, T b){
        return a > b ? a : b;
}
```

由此得到函数模板的一般形式:

```
template<class T1,class T2,…>
返回类型 函数名(参数列表){
        …
}
其中,T1,T2,…是模板参数。
```

注意:

不允许 template 与函数模板定义之间有任何语句,包括空行。

函数模板的实例化:当编译器遇到对函数模板的调用时,才会根据调用语句中实参的类型确定模板参数的数据类型,并用此类型替换函数模板中的模板参数,生成具体的函数代码。示例所示的函数模板中,当遇到如下函数调用时:

```
int r = max(2,3);
```

编译器检测到参数类型是 int,就会用 int 替换掉函数模板中的 T,生成具体的代码:

```
int max(int a, int b){ return a > b ? a : b;}
```

2.5.3   类模板

类模板是用于设计结构和成员函数完全相同,但所处理的数据类型不同的通用类。类模板定义形式为

```
template<class T1, class T2,…>
class 类名{
        …
};
```

以栈类 Stack 的定义为例来说明类模板的定义。因为 Stack 中可以存放任意数据类型，但在具体编码时必须提供数据类型，这将导致每个数据类型都要编写一个 Stack。为此，采用类模板的形式定义栈 Stack 的通用操作，而将 Stack 中存放的数据类型定义为参数，在实际调用时再确定。

```cpp
template<class T>
class Stack{
private:
    T* data;
    int top;
public:
    Stack();
    ~Stack();
    void Push(T e);
    T Pop();
    T GetTop();
    bool IsEmpty();
};
```

为了使用类模板对象，必须显式地指定模板参数，如 Stack＜int＞ stack，将 stack 将要存放的数据类型作为参数指定。

2.5.4　容器

STL 即标准模板，是基于模板技术的一个库，提供了模板化的通用数据结构、类和算法。这些数据结构和算法是准确而有效的，可以被直接用于系统实现，而不需要进行基础功能的测试，保证了系统的正确性和稳定性。

STL 的核心内容包括容器、迭代器和算法。其中，容器（Container）是用于存储其他对象的对象，STL 中的容器包括以下两种。

（1）顺序容器：将相同数据类型对象的有限集按顺序组织在一起的容器，用于表示线性数据结构，如向量（Vector）、链表（List）和双端队列（Deque）。

（2）关联容器：非线性容器，根据键进行快速存储、检索数据的容器，如集合（Set）、多重集合（Multiset）、映射（Map）和多重映射（Multimap）。

例 2.12　vector 向量应用举例。

```cpp
int main()
{
    vector<string>vect;
    string str[3] ={"Hello","world!","C++"};
    for(int i =0; i <3; i ++){
        vect.push_back(str[i]);              //在尾部加入字符串
    }
    while(!vect.empty()){
        cout<<vect.back()<<" ";              //输出尾部元素
        vect.pop_back();                     //删除尾部元素
```

```
    }
    cout<<endl;
    return 0;
}
```

2.5.5 迭代器

迭代器(Iterator)是一个对象,用于遍历容器,其主要操作如表 2.3 所示。

表 2.3 迭代器操作

函 数 名	说 明
begin()	指向容器的起点,即第一个元素
end()	指向容器的结束点,结束点在最后一个元素之后
rbegin()	指向按反向顺序的第一个元素位置
rend()	指向按反向顺序的最后一个元素位置

例 2.13 迭代器示例。

```
int main()
{
    list<string>lst;
    list<string>::iterator iter;                        //定义迭代器 iter
    string str[3] ={"Hello","world!","C++"};
    for(int i =0; i <3; i ++){
        lst.push_back(str[i]);                          //在尾部加入字符串
    }
    for(iter =lst.begin(); iter !=lst.end(); iter ++){ //迭代访问元素
        cout<< * iter<<"\t";
    }
    cout<<endl;
    return 0;
}
```

2.5.6 关联式容器

STL 关联式容器包括以下几种。

(1) set 与 multiset:提供了控制数据(包括字符及串)集合的操作,集合中的数据称为关键字,不需要有另外一个值与关键字相关联。

(2) map 与 multimap:提供了<键,值>对的方法,存储一对对象。

例 2.14 map 示例。

```
typedef struct{
    string ISBN;
```

```
        string author;
        string press;
        float price;
}Book;

void print(Book book){
    cout<<book.ISBN<<" "<<book.author<<" "<<book.press<<" "<<book.price<<
endl;
}
int main()
{
    map<string,Book>map_books;
    Book books[] = {{"9787302194316","tom","tsinghua",80.f},
                    {"9787302194317","scott","peking",70.f},
                    {"9787302194318","clerk","tsinghua",39.f}};
    for(int i =0; i <3; i ++){
        map_books.insert(make_pair(books[i].ISBN,books[i]));
    }
    print(map_books["9787302194316"]);
    print(map_books["9787302194317"]);
    print(map_books["9787302194318"]);
    return 0;
}
```

2.5.7 算法

算法(Algorithm)是用模板技术实现的适用于各种容器的通用算法。算法一般通过迭代器间接地操作容器元素,而且通常返回迭代器作为算法运算的结果。

常用算法包括 find、count、search、merge、sort。

例 2.15 利用 sort 对数组进行排序。

```
#include <iostream>
#include <algorithm>

using namespace std;

int main()
{
    int a[] = {5,7,2,1,9,6};
    sort(a,a +6);
    for(int i =0; i <6; i ++){
        cout<<a[i]<<" ";
    }
    return 0;
}
```

◇ 2.6 能力拓展

2.6.1 C#语言索引器模拟

C#语言索引模拟

对于集合对象 S,C#语言中有一种机制叫作索引器,可以通过 S[string]的形式查询集合中的元素。对于复合数据类型,如结构体、类,C++内置运算符不能直接进行操作,如果要对这些复合数据进行操作,可以根据需要重载相应的运算符。

为了模拟索引器,可以利用 C++的运算符重载,对[]运算方式进行重新定义。首先定义结构体 Student,然后定义 StudentList 类,用于存储批量 Student 对象,并通过 StudentList[string sname]从集合中检索目标 Student。

完整模拟代码如下。

```cpp
//设计学生结构体(类)
typedef struct{
    int sno;
    char sname[10];
}Student;
//定义存储学生的集合
class StudentList{
    private:
        Student * list;
        int size;
    public:
        StudentList();
        StudentList(int capacity);
        //重载运算符[],[]中参数为字符串,返回为 Student 引用
        Student& operator[](char * name);
        void add(Student s);
};
//运算符重载
Student& StudentList::operator[](char * name){
    for(int i =0; i <size; i ++){
        if(strcmp(list[i].sname,name) ==0){
            return list[i];
        }
    }
    throw "not found";
}

int main(){
    StudentList sl;
    char * names[3] ={"Tom","Jerry","Scott"};    //指向字符串的指针
    for(int i =0; i <3; i ++){                     //构造集合
        Student s;
        s.sno =i;
```

```
        strcpy(s.sname,names[i]);
        sl.add(s);
    }
    try{                                  //监控异常
        Student s =sl["scott"];           //通过脚标形式查询,可能抛出异常
        cout<<s.sno<<" "<<s.sname<<endl;
    }catch(const char * err_msg){
        cout<<err_msg<<endl;              //异常处理
    }

    return 0;
}
```

2.6.2　数据访问服务器模拟

数据访问
服务器
模拟

某机构准备开发数据分析系统,所需数据可以来自指定的数据库系统、文件系统、网络服务等,该数据分析系统开放给所有网络用户使用。

在开发数据服务器时,开发人员有如下考虑。

(1)数据分析系统通过创建特定对象完成对数据源(数据库、文件系统、网络服务)的数据查询,不同的对象具有相同的操作步骤。

步骤 1：建立并打开连接。

函数：open(char * url)

参数说明：url 是数据库服务器、文件服务器的地址。

步骤 2：执行查询。

函数：query(char * cmd)

参数说明：cmd 是查询数据的指令。

步骤 3：关闭连接。

函数：close(char * url)

参数说明：url 是数据库服务器、文件服务器地址。

这三个函数严格按照 open→query→close 的顺序执行。任务执行完毕立即关闭连接,这样可以降低查询任务的事务粒度,提高系统并发性能。

(2)访问数据源对象加载规则。

为了防止为每个用户的每次请求都创建访问数据源的对象,造成服务器内存紧张以及内存回收等问题,特考虑仅为每种数据源访问类建立一个对象。

数据源访问对象在构建时使用被动加载的策略,即用户请求到达后,查询相应的数据访问对象是否在对象池中已经存在,如果存在,则直接使用该对象服务;如果不存在,则创建后使用,并将该对象放入对象池,准备下次使用。

(3)体系结构图,如图 2.2 所示。

虽然问题有网络的背景,但在模拟时完全不考虑网络的情况。在 main()函数中设计如下 4 个参数组代表不同网络用户的访问。

(1){"db","10.64.6.4","select * from user"}

解释：访问数据库,服务器是 10.64.6.4,查询命令是 select * from user。

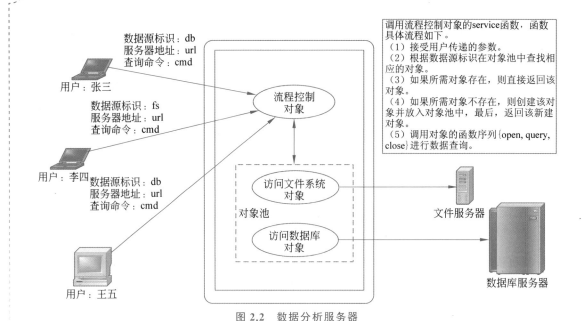

图 2.2　数据分析服务器

（2）{"fs","d:\\test","salary"}

解释：访问文件，文件服务器上的目录是 d:\\test，查询命令是 salary。

（3）{"db","10.64.6.10","select * from book"}

解释：访问数据库。

（4）{"fs","c:\\stu","student"}

解释：访问文件。

　　然后调用流程控制对象的 service 函数。数据源访问对象也不需要访问数据库、文件等服务器，只需要在 open、query、close 函数中输出不同的信息即可。

　　该问题是 Web 开发的流程模拟，涉及计算机网络、Java Web、设计模式等课程相关知识，具有复杂工程问题背景，适合读者进行代码阅读、代码复现。

　　完整代码如下。

```cpp
#include <iostream.h>
#include <list.h>

//设计模式之模板模式
class ServiceTemplate{
    private:
        char * serviceType;
    public:
        ServiceTemplate(char * service){
            serviceType = service;
        }

        char * getServiceType(){
            return serviceType;
        }
```

```
        //纯虚函数说明操作接口,具体细节由子类实现
        virtual void open(char * url)=0;
        virtual void query(char * cmd)=0;
        virtual void close(char * url)=0;

        //非虚函数即模板函数,定义纯虚函数的调用顺序
        void operate(char * url,char * cmd){
            open(url);
            query(cmd);
            close(url);
        }
};

class DatabaseService: public ServiceTemplate
{
    public:
        DatabaseService():ServiceTemplate("db"){
        }

        void open(char * url){
            cout<<"database service"<<endl;
            cout<<"url:"<<url<<endl;
        }

        void query(char * cmd){
            cout<<"query data from a database"<<endl;
            cout<<"command line:"<<cmd<<endl;
        }

        void close(char * url){
            cout<<"close a database connection"<<endl;
        }
};

class FileService:public ServiceTemplate{
    public:
        FileService():ServiceTemplate("fs"){
        }

        void open(char * url){
            cout<<"filesystem service"<<endl;
            cout<<"url:"<<url<<endl;
        }

        void query(char * cmd){
            cout<<"query data from a filesystem"<<endl;
            cout<<"command line:"<<cmd<<endl;
        }

        void close(char * url){
```

```
                cout<<"close a filesystem connection"<<endl;
        }
};

class Controller{
    private:
        list<ServiceTemplate * >pool;
    public:
    //简单工厂模式
    ServiceTemplate * serviceCreator(char * serviceType){
            ServiceTemplate * service =NULL;
            if(strcmp(serviceType,"db") ==0){
                cout<<"db service created"<<endl;
                service =new DatabaseService();
                pool.push_back(service);
            }else if(strcmp(serviceType,"fs") ==0){
                cout<<"fs service created"<<endl;
                service =new FileService();
                pool.push_back(service);
            }
            return service;
    }

        //根据请求类型查找服务对象是否在池中
        ServiceTemplate * service(char * serviceType){
            list<ServiceTemplate * >::iterator it;
            for(it =pool.begin(); it !=pool.end(); it ++){
                ServiceTemplate * service = * it;
                if(strcmp(service->getServiceType(),serviceType) ==0){
                    return service;
                }
            }
            //如果不在池中,则构建并放入池中
            ServiceTemplate * service =serviceCreator(serviceType);
            return service;
        }

        //回收服务对象
        ~Controller(){
            list<ServiceTemplate * >::iterator it;
            for(it =pool.begin(); it !=pool.end(); it ++){
                delete * it;
            }
        }
};

struct Request{
    char * service;
    char * url;
    char * cmd;
```

```
};

int main(){
    Controller ctr;
    Request req[4] ={{"db","10.64.6.4","select * from user"},
                     {"fs","d:\\test","salary"},
                     {"db","10.64.6.10","select * from book"},
                     {"fs","c:\\stu","student"}};
    for(int i =0; i <4; i ++){
        cout<<"=========begin execution========="<<endl;
        ServiceTemplate * serv =ctr.service(req[i].service);
        serv->operate(req[i].url,req[i].cmd);
        cout<<"=========end execution========="<<endl;
    }
    return 0;
}
```

◇ 习　题

1. 什么是对象和类？它们之间的关系是什么？

2. 编写学生类 Student，并以此为基类派生出研究生类 GraduateStduent、继续教学学生类 ContinuingStduent，用数组存放不同类别的学生对象，并以此打印这些学生的信息和类别。

3. 在习题(2)的基础上编写学生类比较大小的方法，并对不同的学生对象进行排序并输出。

4. 阅读、理解并复现"数据访问服务器模拟"的代码。

第 3 章

线 性 表

◆ 3.1 线性表概述

数据之间存在各种关系,其中存在一种简单的"前后相继"的关系,即 A 数据是 B 数据的前驱,B 数据是 A 数据的后继。如果每个数据都有唯一的前驱元素和唯一的后继元素,那么就称为线性存储结构,即线性表。

其中,第一个数据元素无前驱,最后一个数据元素无后继。数据元素之间的关系是"一对一"的,适合存储在线性表中。线性表是一种简单、基本的数据结构,应用场景较为广泛,可以用于存储和处理一组结构相同的数据元素,如一组学生的考试成绩,也是后续章节中堆栈和队列的实现基础。

线性表有顺序和链表两种存储方式。顺序存储方式用数组实现,定义一个指定长度的数组,将数据元素依次存储在数组中,使用数组下标可以访问到指定位置的数据元素。链表存储方式创建一组带指针域和数据域的结构体,数据域中存储数据元素,指针域中存储相邻数据元素的地址。

◆ 3.2 线性表的定义及基本操作

一个线性表是 n 个具有相同特性的数据元素的有限序列。数据元素可以是简单数据类型,也可以是结构体、对象、指针、字符串等其他数据类型。但在同一个线性表中,数据类型必须统一。在线性表中,出现在 A 数据前面的数据元素称为 A 的"前驱元素";出现在 A 的后面的元素称为 A 的"后继元素"。在线性表中,A 的前驱元素中最接近 A 的数据元素称为"直接前驱";A 的后继元素中最接近 A 的数据元素称为"直接后继"。

线性表的基本操作如下。

创建空表:创建一个线性表,数据元素个数初始化为 0。

插入:确定插入的位置,在线性表中插入一个元素,元素个数加 1。

删除:找到要删除元素的位置,删除元素,元素个数减 1。

查找:给出元素的值,返回元素在线性表中的位置,如果元素不存在则返回空。

◈ 3.3 线性表存储结构

线性表有两种存储结构,顺序存储结构将数据存储于连续的物理空间,通过下标确定数据的位置;链式存储结构将数据存储于不连续的物理空间,通过指针确定后继数据的位置。

3.3.1 线性表的顺序存储结构

顺序存储结构用数组的形式实现。在 C++ 中,定义一个数组的时候,系统为数组分配了一个连续的物理空间。数组的名就是数组存储在内存中的首地址。线性表的数据元素的数据类型就是数组数据类型,各个数据元素的数据类型相同。

数组的长度即为数组中可以存储的数据元素的个数。数组元素的下标可以表示数据元素在线性表中的位置。

顺序存储结构的优点有:创建简单,访问效率高,可以通过下标从任意位置开始访问线性表,查找前驱元素和后继元素都很方便。

3.3.2 线性表的链表存储结构

顺序结构在使用方便的同时也存在限制:数组大小确定,不能动态增长;存储的内存需要连续的空间,随着数据元素的增加,可能无法开辟出足够的连续内存空间。而链表结构可以解决顺序结构的这些限制。链表结构在需要存储时再动态开辟一个结点空间,结点空间由以下部分组成。

数据域:每个结点存储的数据元素本身的信息。

指针域:元素之间逻辑关系的信息,后继指针存储后继结点的地址,前驱指针(可选)存储前驱结点的地址。通过指针域可以找到相邻结点的地址,提高数据查找速度。

一般来说,每个结点有一个或多个指针域,若某个结点不存在前驱或者后继,对应的指针域设为空,用常量 NULL 表示。

链表存储结构可以用于实现堆栈和队列,处理大规模数据,实现动态扩展和收缩的数据结构,还可以用于 Hash 表解决冲突。

链表有单向链表、双向链表、循环链表等形式。

◈ 3.4 线性表的实现

3.4.1 单链表

结点只包含指向后继结点的指针,适用于基本上只做单向访问的线性表。链表结点可以用结构体来描述如下。

单链表

```
//定义单链表结点
struct ListNode {
    int val;
```

```
    ListNode* next;
    ListNode(int x) : val(x), next(NULL) {}
};
```

其中,成员 val 用于存放结点中的有用数据,next 是指针类型的成员,指向 struct ListNode 类型数据,构建结点时可将指针域的默认值设为空。

链表头有两种设置模式:头结点模式和头指针模式。头结点模式中,head 是一个结点,next 域存储第一个结点的地址;头指针模式中,head 是一个指针,存储第一个结点的地址,如图 3.1 所示。

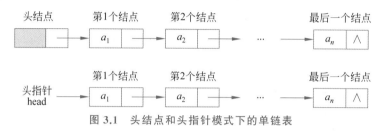

图 3.1　头结点和头指针模式下的单链表

虽然直接在栈区创建结构体变量可以用于创建链表,但是不能体现链表动态改变长度的优势,因此往往使用动态内存分配,将结点建立在堆区。下面使用动态内存分配创建一个学生成绩链表,学生的信息包含学号和成绩,并在链表中加入 4 个学生的数据。

1. 链表类的创建

首先创建链表结点结构体,设置一个头指针 head 指向链表的第一个元素。

```
struct Student {
    int id;                    //学号
    float score;               //成绩
    Student* next;             //指向下一个结点的指针
};
/* 学生链表类 */
class LinkedList {
private:
Student* head;                 //指向链表的头指针
```

2. 构造函数与析构函数

构造函数创建一个空的链表,此时链表中无结点,head 指针的值为空。析构函数需要清空链表,将堆区所占用的空间进行释放。head 指针所指的数据不能直接释放,否则链表后继数据将无法找到,需要借助一个 temp 指针指向 head 指针所指的第一个元素,head 指针再进行后移,释放掉 temp 指针所指的数据元素,循环进行,直至所有数据都被释放。

```
public:
    LinkedList() {
        head =NULL;
    }
    ~LinkedList() {
        Student* temp;
```

```
        while(head !=NULL) {
            temp =head;
            head =head->next;
            delete temp;
        }
    }
```

3. 头插法插入结点

使用头插法插入一个学生结点。首先创建一个新的学生结点,然后将学号和成绩赋给结点数据域,结点指针域赋为 head,即第一个元素的地址,最后将 head 指针指向新结点。

```
void add(int id, float score) {
    Student *  newNode =new Student();
    newNode->id =id;
    newNode->score =score;
    newNode->next =head;
    head =newNode;
    }
```

4. 按序插入结点

按照给出的学号,找到适合的位置插入结点,使得学号按升序排列。首先生成新结点 newNode,然后使用访问指针 p 从第一个元素开始进行比较,找到插入位置后终止循环,如图 3.2 所示。

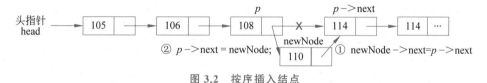

图 3.2　按序插入结点

```
void insert(int id, float score)
{
    Student *  newNode =new Student();
    newNode->id =id;
    newNode->score =score;
    newNode->next =NULL;
    if(head ==NULL)
    {
        head =newNode;
    }
    else
    {
        Student *  p =head;
        //使用访问指针 p 找到插入元素的位置
        while(p->next !=NULL && p->next->id <newNode->id)
        {
            p =p->next;
```

```
        }
        newNode->next =p->next;
        p->next =newNode;
    }
}
```

5. 删除结点

删除结点首先要查找到指定结点，使用一个访问指针 p 对链表进行遍历，比对结点的 id 值进行查找。对结点进行删除后，要将前后的两个结点进行连接，因此需要借助一个前驱指针 prev 来保存左侧结点的地址。如果删除的结点是第一个元素，那么在查找中 p 指针没有移动，prev 指针的值为空，此时只需要将 head 指针指向第二个元素，再释放 p 指针即可。假设要删除的是学号为 103 的学生，如图 3.3 所示。

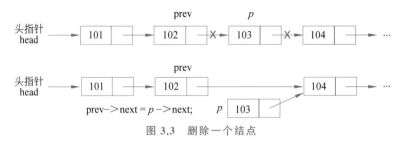

图 3.3　删除一个结点

```
void remove(int id)
{
    Student * p =head;                    //设置访问指针指向第一个元素
    Student * prev =NULL;                  //设置前驱指针指向访问指针前一个元素
    while(p !=NULL && p->id !=id)          //查找 id 对应的结点
    {
        prev =p;
        p =p->next;
    }
    if(p ==NULL)                           //没有找到对应的学号
    {
        cout <<"Student not found." <<endl;
        return;
    }
    if(prev ==NULL)                        //id 找到的是第一个元素
    {
        head =p->next;
    }
    else                                   //其余的位置
    {
        prev->next =p->next;
    }
    delete p;                              //释放要删除的元素
}
```

3.4.2 双向链表

双向链表在每个结点中除包含数值域外,设置有两个指针域,分别用于指向其前驱结点和后继结点,这样构成的链表称为线性双向链表,简称双链表。

在双链表中具有两个指针,所以当访问过一个结点后,既可以依次向后访问每个结点,也可以依次向前访问每个结点,如图 3.4 所示。

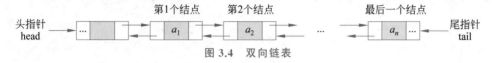

图 3.4 双向链表

双向链表可以设计一个头指针 head 指向第一个元素,一个尾指针 tail 指向最后一个元素,创建双向链表时将头尾指针都赋为空。双向链表中增加了一个指针域,成员函数中要增加相应的处理。

```cpp
#include <iostream>
using namespace std;
struct Node                    //链表结点结构体
{
    int data;
    Node * prev;               //前驱指针
    Node * next;               //后继指针
    Node(int d)                //初始化结点
    {
        data =d;
        prev =NULL;
        next =NULL;
    }
};
class DoublyLinkedList         //双向链表类
{
public:
    Node * head;               //头指针
    Node * tail;               //尾指针
    DoublyLinkedList()
    {
        head =NULL;
        tail =NULL;
    }
    void append(int data)      //尾插插入元素
    {
        Node * newNode =new Node(data);
        if(head ==NULL)
        {
            head =newNode;
            tail =newNode;
```

```
            }
            else
            {
                tail->next =newNode;
                newNode->prev =tail;
                tail =newNode;
            }
    }
    void prepend(int data)                //头插插入元素
    {
        Node * newNode =new Node(data);
        if(head ==NULL)
        {
            head =newNode;
            tail =newNode;
        }
        else
        {
            head->prev =newNode;
            newNode->next =head;
            head =newNode;
        }
    }
    void print()                          //打印双向链表
    {
        Node * p =head;
        while(p !=NULL)
        {
            cout <<p->data <<" ";
            p =p->next;
        }
        cout <<endl;
    }
};
```

3.4.3 循环链表

　　循环链表形成环状结构,有 head、tail 两个固定指针,tail 结点的 next 指针指向第一个结点,在双向的循环链表中,head 的 prev 指针指向最后一个结点,这样将链表连接为环状结构。从表中任一结点出发均可找到链表中的其他结点。循环链表的结构如图 3.5 所示。双向循环链表可以由头指针找到尾指针,类中也可以不设置 tail 指针。

　　循环链表形成的环状结构可以解决环状结构的问题,如约瑟夫环问题。

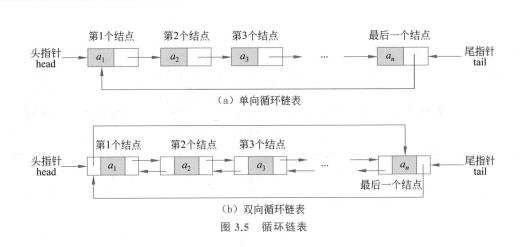

（a）单向循环链表

（b）双向循环链表

图 3.5　循环链表

◈ 3.5　能 力 拓 展

3.5.1　判断链表中是否存在环

给定一个单链表，其中可能存在某个结点的 next 指针指向前面已经出现过的结点，此时链表中出现了环，如果使用访问指针直接进行遍历则无法达到链表的尾端。给出一个链表的头指针，要求返回链表开始入环的第一个结点。从链表的头结点开始沿着 next 指针进入环的第一个结点为环的入口结点。如果链表无环，则返回 NULL。

判断链表中
是否存在环

为了表示给定链表中的环，使用整数 pos 来表示链表尾连接到链表中的位置（索引从 0 开始）。如果 pos 是 -1，则在该链表中没有环。注意，pos 仅用于标识环的情况，并不会作为参数传递到函数中。不允许修改给定的链表。

如表 3.1 所示为判断链表是否有环的示例。

表 3.1　判断链表是否有环的示例

示　例　1	示　例　2	示　例　3
$1 \to 4 \to 2 \to 7 \to 5$	$1 \to 4 \to 2 \to 7 \to 5$	$1 \to 4 \to 2 \to 7 \to 5$
head $= [1,4,2,7,5]$，pos $= 1$	head $= [1,4,2,7,5]$，pos $= 0$	head $= [1,4,2,7,5]$，pos $= -1$
返回索引为 1 的链表结点	返回索引为 0 的链表结点	返回 NULL
链表中有一个环，其尾部连接到第 2 个结点	链表中有一个环，其尾部连接到第 1 个结点	链表中不存在环

解题思路：

使用一个慢指针 slow 和一个快指针 fast 判断链表中是否存在环。两个指针都从 head 指针开始对链表进行访问，slow 指针每次移动一个结点，fast 指针每次移动两个结点。如果链表不存在环，那么 fast 指针将先访问到 NULL，如图 3.6 所示。

当链表存在圈时，fast 指针和 slow 指针会相遇，设 slow 指针走过的结点个数为 s，fast 指针走过的结点个数是 $2s$。设链表的圈外结点个数为 Nout，圈内结点个数为 Nin，圈内

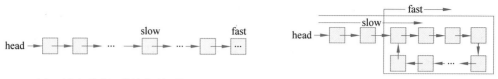

（a）不存在环时fast指针先访问到NULL　　　　（b）存在环时fast指针将追上slow指针

图 3.6　使用快慢指针判断是否有环

slow 指针走过的结点个数为 Sv，如图 3.7 所示。

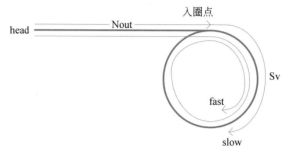

图 3.7　快慢指针相遇时的情况

当快慢指针相遇时，慢指针走过的结点数目：

$$s = \text{Nout} + \text{Sv} \tag{1}$$

快指针走过的结点数目（n 为快指针走过的圈数）：

$$2s = \text{Nout} + n \times \text{Nin} + \text{Sv} \tag{2}$$

由(1)(2)式联立得 Nout＝n×Nin－Sv，即圈外结点的数目 Nout 和从相遇点出发共绕 n 圈回到入圈点的距离相等。slow 指针此时停留在相遇点，因此只需要让 slow 指针走 Nout 步就能刚好回到圈的入口点。可以再设置一个指针 p 从 head 出发进行访问，当 p 和 slow 相遇时，p 走过了 Nout 步，slow 回到入口点，即求得圈的入口点。

```cpp
/* *
 * Definition for singly-linked list.
 * struct ListNode {
 *     int val;
 *     ListNode * next;
 *     ListNode(int x) : val(x), next(NULL) {}
 * };
 * /
class Solution {
public:
    ListNode * detectCycle(ListNode * head) {
        if(head==NULL||head->next==NULL) //特殊情况
            return NULL;
        ListNode * fast=head;
        ListNode * slow=head;
        do{
            if(fast==NULL||fast->next==NULL)
                return NULL;
```

```
            fast=fast->next->next;
            slow=slow->next;
        }while(fast!=slow);
        //退出循环时快慢指针相遇了
        ListNode * p=head;                  //设置指针从 head 出发
        while(p!=slow)                      //p 和 slow 将相遇在入圈点
        {
            p=p->next;                      //两指针移动
            slow=slow->next;
        }
        return slow;                        //返回入圈点的地址
    }
};
```

3.5.2　约瑟夫环

约瑟夫环问题：有 num 只猴子，按顺时针方向围成一圈选大王（编号从 1 到 num），从第 1 号开始报数，一直数到 target，数到 target 的猴子退出圈外，剩下的猴子再接着从 1 开始报数。就这样，直到圈内只剩下一只猴子时，这个猴子就是猴王，编程求输入 num 和 target 后，输出最后猴王的编号。

解题思路：

约瑟夫环是学习算法的一个经典问题，可以使用数组、指针、链表和数学方法解决。我们用循环链表模拟猴子报数的结构。每只猴子都看成一个结点，从 1 号到 num 号依次加入链表中。链表 head 指针指向 1 号，num 号猴子的 next 指针指向 head，使得猴子能形成环状结构，示例如图 3.8 所示。

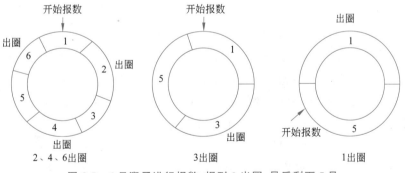

图 3.8　6 只猴子进行报数，报到 2 出圈，最后剩下 5 号

用指针 cur 从表头开始对链表进行访问模拟报数的过程，每跳一个结点进行一次报数，报到 target−1 时删除 cur 指针所指的下一个结点，最后只剩下一个结点时输出结点的编号。

```
struct Node
{
    int val;
    Node * next;
    Node(int x) : val(x), next(nullptr) {}
};
```

```
int josephus(int num, int target)
{
    //创建循环链表
    Node * head =new Node(1);
    Node * cur =head;
    for(int i =2; i <=num; i++)
    {
        cur->next =new Node(i);
        cur =cur->next;
    }
    cur->next =head;                    //形成循环
    //当圈内个数大于 1 时
    while(num >1)
    {
        //进行报数
        for(int i =1; i <target; i++)
        {
            cur =cur->next;
        }
        //删除结点
        Node * tmp =cur->next;
        cur->next =tmp->next;
        delete tmp;
        num--;                          //圈内数目减 1
    }
    //返回最后剩下的结点编号
    return cur->val;
}
```

◆ 习　　题

1. 有带有字母 A、B、C 的三张卡片,按某种顺序排列在一排。最多可以进行一次操作,选择两张牌并交换它们。是否操作后可以变成 ABC? 是就输出"YES",否就输出"NO"。

输入格式:第一行包含一个整数 $t(1 \leqslant t \leqslant 10)$,代表有 t 组数据。接下来 n 行,每行包括一个长度为 3 的字符串,由 A、B、C 三个字符组成。

输出格式:"YES"或者"NO"。

2. 小 S 有一个数组,他想检查这个数组是否是一个排列。一个长度为 n 的排列指的是,$1-n$ 在这个排列中都出现且仅出现过一次。

输入格式:第一行输入一个整数 n。第二行输入 n 个整数,表示数组元素。

输出格式:"YES"或者"NO"。

3. 众所周知,小 S 十分挑食。这天,小 S 又来到了食堂,但他的挑食症又犯了,他不会选择热量为 k 的食物,请问他有多少种选择?

输入格式:第一行输入一个整数 t,代表有多少组数据。第二行输入两个整数 n 和 k,n 代表有多少个食物,不同食物的热量可能相同。第三行输入 n 个整数 a_i,a_i 表示每个食物的热量。($1 \leqslant t \leqslant 10^4$,$1 \leqslant n \leqslant 10^3$,$1 \leqslant a_i, k \leqslant 10^9$。)

输出格式：他有多少种选择，每组数据输出一个整数占一行。

4. 给定两个大小分别为 m 和 n 的数组 a 和 b。请找出并输出这两个数组的中位数。

输入格式：第一行输入两个整数 n 和 m。第二行输入 n 个整数，表示数组 a。第三行输入 m 个整数，表示数组 b。

输出格式：请输出一个浮点数，保留一位小数。

5. 森林里有 n 只猴子，它们都想当猴王，因为当猴王就不用自己找果子吃。但不是每只猴子都能当猴王，能当上猴王的只能有一只，于是便有了这样的规则：n 只猴子围成一个圈，从第 1 只猴子开始报数 1，2，3，… 报出 m 的那只猴子出列，失去继续争夺猴王的机会，由下一只猴子继续从 1 开始报数，最终只剩下一只猴子得胜成为猴王。

输入格式：输入两个整数 n 和 m。

输出格式：输出一个整数——第几只猴子获胜成为猴王。

6. 小 S 最近在学习后缀表达式，他已经把后缀表达式练得炉火纯青了，这一天他又看到了一道后缀表达式的题，他觉得太简单了，于是交给了你。后缀表达式，指的是不包含括号，运算符放在两个运算对象的后面，所有的计算按运算符出现的顺序，严格从左向右进行（不再考虑运算符的优先规则）。将给出一个后缀表达式 T，保证 T 的长度不超过 100，且操作数仅为 0～9 的整数，操作符只包含＋、－、*，求该后缀表达式的计算结果。

输入格式：本题的输入为单个测试用例，输入长度不超过 100，且操作数仅为 0～9 的整数，操作符只包含＋、－、* 等算术运算符的中缀表达式。

输出格式：输出一个整数，为该后缀表达式的计算结果。

7. 斯拉夫正在为朋友的生日准备礼物，礼物是 n 个数字的乘积。斯拉夫有一次机会选择 n 个数字中的一个数字来增加 1。请问斯拉夫可以送给朋友的最大礼物数是多少？

输入格式：第一行包含一个整数 $t(1 \leqslant t \leqslant 10^4)$ 测试用例的数量。每个测试用例的第一行包含一个整数 $n(1 \leqslant n \leqslant 9)$。每个测试用例的第二行包含 n 个空格分隔的整数 $a_i(0 \leqslant a_i \leqslant 9)$。

输出格式：对于每个测试用例，输出一个整数。

8. 给你一个整数数组 a，判断是否存在三元组 $a[i]$，$a[j]$，$a[k]$，满足 $i! = j$，$i! = k$，$j! = k$ 并且 $a[i]! = a[j]$，$a[i]! = a[k]$，$a[j]! = a[k]$，同时还满足 $a[i] + a[j] + a[k] = 0$。请统计三元组的数量。

输入格式：第一行输入一个整数 n，数组 a 的长度。第二行输入 n 个整数。

输出格式：输出一个整数，为三元组的数量。

9. 给定 n 个整数 $a_1, a_2, \cdots, a_n$，求问有多少个四元组 (i, j, k, l) 满足以下条件：$1 \leqslant i < j < k < l \leqslant n, a_i = a_k, a_j = a_l$。

输入格式：第一行输入一个整数 t，表示数据组数。对于每组数据，下一行输入一个整数 n，表示有多少个数。对于每组数据，下一行输入 n 个整数，表示 $a_1, a_2, \cdots, a_n$。

输出格式：每组输出一个整数，为四元组的数量。

10. 小李在玩一个游戏，他有 n 个盒子，每个盒子有两个数字，小李自己也有两个数字。每个盒子可以得到的分数，是排在这个盒子前面的所有盒子的第一个数的乘积，除以这个盒子的第二个数,然后向下取整得到的结果。小李不希望某一个盒子得到特别多的分数,所以他想请你帮他重新安排一下盒子的顺序,使得得到分数最多的盒子,所获分数尽可能的少。注意,小李的位置始终在盒子队列的最前面。

输入格式:第一行包含一个整数 n,表示盒子的数量。第二行包含两个整数 a 和 b,之间用一个空格隔开,分别表示小李的两个数。接下来 n 行,每行包含两个整数 a 和 b,之间用一个空格隔开,分别表示每个盒子的两个数。

输出格式:一个整数,表示重新排列后的盒子队列中获分数最多的盒子所获得的分数。

堆栈和队列

队列与堆栈是线性表的两个典型应用,通过对线性表的操作进行限制,以应用于特定的场合。

◆ 4.1 堆 栈

4.1.1 堆栈的定义

堆栈(Stack)是一种线性数据结构,具有特定的操作规则。堆栈采用"先进后出"(First In Last Out,FILO)的原则,即最后进入的元素最先被访问或移除。堆栈类似于放置书本的箱子,放置书本时总是将书本放置在原有一叠书本的上方,拿取书本时,总是先拿取一叠书本中最上方的一本。只要有书本的时候就可以拿取;只要箱子没有放满时,就可以继续放置书本。

堆栈可以进行的操作有入栈、出栈、判断栈空和栈满、取栈顶元素值等操作,如图 4.1 所示。

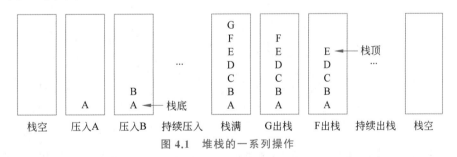

图 4.1 堆栈的一系列操作

堆栈仅能在栈顶进行插入和删除操作,其他元素不可直接访问。对堆栈类进行封装以后,入栈和出栈过程中只需要修改栈顶指针即可。入栈和出栈操作的时间复杂度均为 $O(1)$,即常数时间,操作简单高效。堆栈的大小可能有限制,一旦达到容量上限,继续入栈会导致栈溢出;堆栈为空时,也不能进行出栈操作。堆栈常用于函数调用、表达式求值、括号匹配、深度优先搜索等场景。

4.1.2 堆栈的基本操作及抽象数据类型描述

下面使用抽象数据类型描述堆栈的逻辑特性。

(1) Stack():建立一个空栈,对堆栈进行初始化,堆栈元素个数为 0。

（2）bool isFull()：判断堆栈是否已满。

（3）bool isEmpty()：判断堆栈是否为空。

（4）void push(dataType val)：将数据压入堆栈。

（5）void pop()：将栈顶元素弹出堆栈。

（6）dataType getTop()：获取栈顶元素值，并不弹出。

（7）void clear()：清空堆栈。

◆ 4.2　堆栈的存储结构及实现

4.2.1　堆栈的顺序存储结构及类的实现

数组是线性表的一种实现方式，适合于堆栈的实现。可以对数组进行改造，实现堆栈。用数组实现堆栈时，第一个元素压入数组的 0 号下标位置，后续的元素依次压入堆栈，存入数组中。

堆栈底部为数组的 0 号下标元素，堆栈顶部的下标用一个 int 型变量 top 进行记录。建立空栈时，top 的初值为 -1。每加入一个数据元素，top 加 1。每弹出一个元素，top 减 1。由于数组的长度是固定的，堆栈中元素的个数不能超过数组的容量 size，top 值不能超过 size-1，如图 4.2 所示。

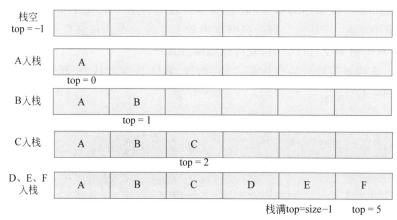

图 4.2　用数组实现堆栈的数据存储

在顺序栈中，上溢（Overflow）和下溢（Underflow）是两个与栈操作相关的概念。上溢指的是在进行入栈操作时，栈已满无法再插入新元素的情况。上溢是一种错误状态，表示栈已经无法容纳更多的元素。下溢指的是在进行出栈操作时，栈已空无法再弹出元素的情况。下溢同样是一种错误状态，表示栈中没有可弹出的元素。在编程中，需要注意判断和处理上溢和下溢的情况，以避免程序出现错误或崩溃。通常的处理方式是在进行入栈或出栈操作之前，先判断栈是否已满或已空，如果是则不进行操作，并进行相应的异常处理，如输出错误信息或抛出异常。这样可以保证栈的操作在合法范围内进行，提高程序的健壮性和可靠性。

栈的代码实现如下。

```
#include <iostream>
```

```
#define MAX_SIZE 100          //定义堆栈最多可保存的数据个数
using namespace std;
class Stack
{
private:
    char * data;              //用数组存储堆栈元素
    int top;                  //栈顶下标
    int length;               //数组长度
public:
    Stack()                   //构造函数
    {
        top=-1;
        length=MAX_SIZE;
        data=new char[length];
    }
    Stack(int s)              //构造函数
    {
        top=-1;
        length=s;
        data=new char[length];
    }
    ~Stack()
    {
        delete(data);
    }
    void push(char val)       //将元素压入堆栈顶部
    {
        if(!isFull())
        {
            top++;
            data[top]=val;
        }
        else
            throw "Error(push): Stack is full";
    }
    void pop()
    {
        if(!isEmpty())
            top--;            //弹出堆栈顶部元素
        else
            throw "Error(pop): Stack is empty";
    }
    char getTop()
    {
        if(!isEmpty())
            return data[top]; //返回堆栈顶部元素,不删除
        else
        {
            throw "Error(getTop): Stack is empty";
        }
```

```
    }
    bool isEmpty()
    {
        return top==-1;              //判断堆栈是否为空
    }
    bool isFull()
    {
        return top==length-1;
    }
    int size()
    {
        return top+1;                //返回堆栈元素个数
    }
    void clear()                     //清空堆栈
    {
        top=-1;
    }
};
```

4.2.2 堆栈的链表存储结构及类的实现

链表是线性表的另一种实现方式，也适合于实现堆栈。结点以动态的形式创建，可以使得堆栈的元素个数不受预设长度的限制。

用链表实现堆栈时可以采用头指针的模式，使用一个 top 指针指向堆栈的顶部。当堆栈为空时，top 指针值也为空。

因为堆栈只需要对线性表的一端进行操作，而链表的头部更容易操作，向堆栈中插入元素时可以采用"头插法"。每加入一个新的元素，创建一个新的结点，将新结点插入链表的头部，这样比插入链表尾部的"尾插法"更加高效、方便，如图 4.3 所示。

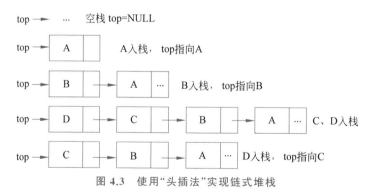

图 4.3　使用"头插法"实现链式堆栈

链式堆栈的结点结构体定义为

```
struct StackNode                //堆栈结点结构体
{
    int data;
    StackNode * next;
};
```

链式堆栈类的构造函数创建一个空栈,将 top 设为空,析构函数依次释放链表结点的空间。

```
class LinkedStack            //链式堆栈类
{
private:
    StackNode * top;         //栈顶指针
public:
    LinkedStack()            //构造函数
    {
        top =NULL;
    }
    ~LinkedStack()           //析构函数
    {
        while(top !=NULL)
        {
            StackNode * temp =top;
            top =top->next;
            delete temp;
        }
    }
```

入栈操作以头插法将新结点插入链表头部。出栈操作先判断堆栈是否为空,非空时借助 temp 指针释放第一个结点,移动 top 指针指向下一个结点,如图 4.4 所示。

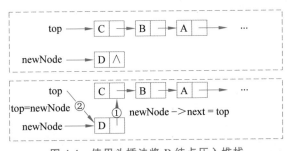

图 4.4　使用头插法将 D 结点压入堆栈

```
void push(int val)                 //入栈操作
{
    StackNode * newNode =new StackNode;
    newNode->data =val;
    newNode->next =top;
    top =newNode;
}
void pop()                         //出栈操作
{
    if(top ==NULL)
    {
```

```
            throw "Error: Stack is empty.\n";
    }
    StackNode * temp =top;
    top =top->next;
    delete temp;
}
```

getTop()函数在堆栈非空时返回 top 结点的值域。getTop()函数在栈空时无法返回一个确定的值，可以采用异常处理的方式进行处理。

```
int getTop()                        //取出栈顶元素
{
    if(top ==NULL)
    {
        throw "Error: Stack is empty.\n";
    }
    return top->data;
}
```

只要计算机的内存足够，理论上链表的长度没有限制，因此链式堆栈的数据元素个数没有限制，设计链式堆栈的类时可以没有"判满"函数。"判空"函数根据 top 指针是否为 NULL 进行判断。

```
bool isEmpty()                      //判断堆栈是否为空
{
    return top ==NULL;
}
```

在主程序中使用 try-catch 块处理抛出的异常。

```
int main()
{
    LinkedStack stack;
    stack.push(1);
    stack.push(2);
    stack.push(3);
    try
    {
        cout <<"Top element of stack is " <<stack.getTop() <<endl; stack.pop();
        cout <<"Top element of stack is " <<stack.getTop() <<endl; stack.pop();
        cout <<"Top element of stack is " <<stack.getTop() <<endl; stack.pop();
        stack.pop();
    }
    catch(const char * &e)
    {
        cout<<e<<endl;              //处理 pop()函数的异常
    }
    cout <<"Is stack empty? " <<stack.isEmpty() <<endl;
```

```
    try
    {
        stack.getTop();
    }
    catch(const char * &e)
    {
        cout<<e<<endl;              //处理 getTop()函数的异常
    }
    return 0;
}
```

◇ 4.3　队　　列

4.3.1　队列的定义

队列(Queue)是一种先进先出(First In First Out,FIFO)的线性数据结构。队列类似于生活中常见的排队的场景,新加入的人员要排在队列的尾部,排在队列首位的人员先得到服务,从而先离开队列。

允许插入(也称入队、进队)的一端称为队尾,允许删除(也称出队)的一端称为队首。空队列为不含任何数据元素的队列,如图 4.5 所示。

图 4.5　队列的示意图

队列的特点是新元素总是被添加到队列的末尾,而从队列中移除元素时总是从队列的头部进行。这样保证了先进入队列的元素先被移除,实现了 FIFO 的原则。队列在很多实际应用中都有广泛的应用,例如,任务调度——操作系统中的进程调度使用队列来管理等待执行的进程;缓冲区管理——网络通信中使用队列来缓存数据包,以平衡发送和接收的速度;广度优先搜索——在图算法中,使用队列来对图进行广度优先遍历。

常见的队列类型有:普通队列(Queue)允许在队列的一端进行插入操作,另一端进行删除操作;双端队列(Deque)允许在队列的两端进行插入和删除操作;优先队列(Priority Queue)根据优先级来确定元素的出队顺序。队列的实现方式有多种,包括数组和链表。在使用队列时,需要注意处理队列为空和队列已满的情况,以避免出现下溢和上溢的错误。

4.3.2　队列的基本操作及抽象数据类型描述

(1) Queue():建立一个空队列,对队列进行初始化,队列元素个数为 0。

(2) bool isEmpty():判断队列是否为空。

(3) bool isFull():判断队列是否已满。

(4) void enQueue(dataType val):如果队列未满,将一个数据元素加入队列。

(5) void deQueue():如果队列不空,将一个数据元素移出队列。

(6) dataType front():获取队首元素值,并不出队。

（7）void clear()：清空队列中所有的元素，将队列设置为空队列。

◆ 4.4 队列的存储结构及实现

4.4.1 队列的顺序存储结构及类的实现

顺序队列
的实现

数组是一种典型的线性表结构，利用数组可以实现队列的顺序存储，队列的操作集中在头部和尾部，并不需要对队列中间的数据进行访问。在完成面向对象的设计时可以对数组进行封装，只提供操作头尾的成员函数。

按照生活场景，只设置一个 rear 下标指向队尾元素，队首下标为 0。此时入队操作时间性能为 $O(1)$，队首元素出队时，所有的元素向前挪动一个位置，由于涉及所有元素的挪动，出队操作时间性能为 $O(n)$，如图 4.6 所示。

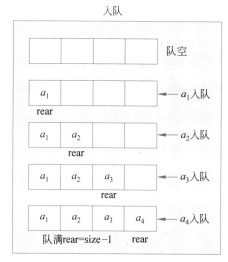
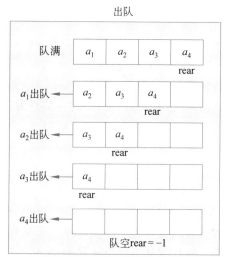

图 4.6 只有 rear 指针的顺序队列

为了改进出队的时间性能，不要求所有元素必须存储在数组的前 n 个单元，出队时除队首外其他元素的位置不变。在队列中设置队头、队尾两个指针。队头指针 front 指向队首第一个元素的前一个位置，队尾指针 rear 指向队尾元素。改进后不需要整体挪动数组元素的位置，出队操作时间性能提高为 $O(1)$，如图 4.7 所示。

从图 4.7 可知，持续地进行出队和入队，则数据元素位于数组中的位置会逐渐右移，当队尾元素的下标值超过了数组长度时，无法继续入队，而同时，数组的左侧还有空余位置，产生了"假溢出"。当对队列的操作比较频繁的时候，数据元素会很快地产生假溢出。

解决假溢出的办法是采用将数组首尾相连的方式实现循环队列。当 rear 指针达到了数组的尾部且要添加一个元素时，如果数组的左侧还有空闲位置，则将 rear 指针挪到数组的第一个元素存储新的元素，如图 4.8 所示。

循环队列中不存在物理的循环结构，使用对下标求模的方法实现。设 size 为数组长度，当 rear 指针后移时，对它进行求模（rear+1）mod size，即得到新元素存储的位置。

下面考虑循环队列判断队空队满的问题。采用循环队列以后，当持续加入元素时，元素的数目达到临界状态，存满了整个数组，此时状态如图 4.9 所示。

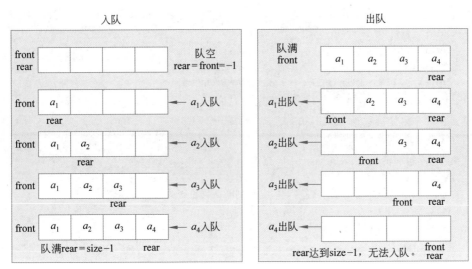

图 4.7　设置 front 和 rear 之后的顺序队列

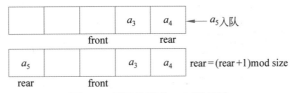

图 4.8　循环队列中 rear 的移动

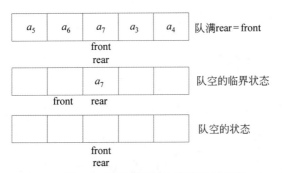

图 4.9　循环队列队空和队满的状态

由图 4.9 可知,队满时 rear 的值与 front 的值相等,即首尾指针值相同。当持续地减少元素时,元素的数目减少到最后一个时,front+1=rear。再减少一个元素,队列被清空,此时 rear 的值也与 front 相等。

由此可知,使用循环队列以后,判断队空和队满的条件需要加以区别。可以修改队满的条件,浪费一个数组空间,要求当数据元素的个数达到数组长度减 1 即达到队满。

队满条件为(rear+1)％SIZE=front,队空条件为 rear=front(SIZE 为数组长度,值为队列最大元素个数 MAXSIZE+1)。初始化 rear 和 front 为 0,队列为空。

```
const int MAXSIZE =10;          //队列最大容量
const int SIZE =MAXSIZE+1;       //浪费一个空间后的数组长度
class CircularQueue
```

```
{
private:
    int front;                      //队首指针
    int rear;                       //队尾指针
    int arr[SIZE]={0};              //队列数组
public:
    CircularQueue()
    {
        front =0;
        rear =0;
    }
    bool isEmpty()                  //判断队列是否为空
    {
        return front ==rear;
    }
```

循环队列中队满有如图 4.10 所示的两种情况,通过取模可以判断队列是否已满。

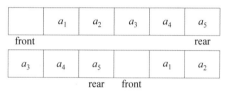

图 4.10　循环队列的队满情况

```
bool isFull()                       //判断队列是否已满
{
    return (rear +1) %SIZE ==front;
}
```

入队和出队时先进行判满和判空,然后移动指针。

```
void enqueue(int x)                          //入队
{
    if(isFull())
        throw "Error: Queue is Full.\n";     //队列已满,插入失败
    rear =(rear +1) %SIZE;                    //队尾指针后移
    arr[rear] =x;                             //将元素插入队尾
    return;                                   //插入成功
}
void dequeue()                               //出队
{
    if(isEmpty())
        throw "Error: Queue is Empty.\n";    //队列为空,出队失败
    else
        front =(front +1) %SIZE;             //更新队首指针
    return;
}
```

getFront()函数判空后返回队首元素,为 front 的下一个位置的值。

```
int getFront()                                          //获取队首元素
{
    if(isEmpty())
        throw "Error: Queue is Empty. Can't get front element.\n";
                                                        //队列为空,获取失败
    else
        return arr[(front+1)%SIZE];                     //获取成功
}
```

队列的长度将 rear 减去 front,若 rear 在 front 的左侧则差值为负数,可以通过加 SIZE 修正为正数;若 rear 在 front 的右侧则为正数,通过取模消除多加的 SIZE 值。

```
int getSize()                      //获取队列长度
{
    return (rear - front+SIZE) %SIZE;
}
```

4.4.2　队列的链表存储结构及类的实现

链表也是线性表的一种存储方式,队列也可以用链式存储结构进行存储。链表和数组相比不受预定长度的限制,增加了指针域的设置。从表头处开始操作链表比较便利,而队列结构的操作主要集中在头部和尾部,可以设计两个指针分别指向链表的头尾实现队列的设计。

使用单链表可以实现队列的存储,链表的头指针 head 同时也可以作为队列的队首 front 指针。为了方便操作队列的尾部,设置 rear 指针指向队尾元素,如图 4.11 所示。

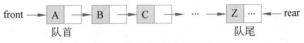

front ── A ── B ── C ── … ── Z … ── rear
　　队首　　　　　　　　　　队尾

图 4.11　在单链表中实现队列

链表的头结点和头指针模式都能用于实现链式队列。在链式队列中,每加入一个元素就动态分配一个内存空间,理论上不产生溢出,所以队满的状态暂时不加以判断。

```
struct QueueNode                   //队列结点结构体
{
    DataType data;                 //数据域
    QueueNode * next;              //指针域
    QueueNode(DataType val) : data(val), next(NULL) {}
};
class LinkedQueue                  //链式队列类
{
private:
    QueueNode * front;             //队首指针
    QueueNode * rear;              //队尾指针
```

```
public:
    LinkedQueue() : front(NULL), rear(NULL) {}
    ~LinkedQueue()                      //析构函数,释放链表结点
    {
        while(!isEmpty())
        {
            deQueue();
        }
    }
    bool isEmpty()                      //判空函数
    {
        return front ==NULL;
    }
```

入队函数从链表的尾部加入新结点，如图 4.12 所示。

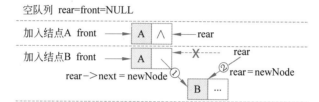

空队列 rear=front=NULL

加入结点A front ——→ A ∧ ←—— rear

加入结点B front ——→ A ----X---- rear
rear->next = newNode ①   ② rear=newNode
B ...

图 4.12 在链式队列中加入数据元素

```
void enQueue(DataType val)               //入队函数
{
    QueueNode * newNode =new QueueNode(val);
    if(isEmpty())
        front =rear =newNode;
    else
    {
        rear->next =newNode;
        rear =newNode;
    }
}
```

出队函数借助 temp 指针释放第一个结点，front 指针后移。

```
void deQueue()                           //出队函数
{
    if(isEmpty())
    {
        throw "Error: Queue is empty. Can't deQueue.\n";
        return;
    }
    QueueNode * temp =front;
    front =front->next;
    delete temp;
}
```

```
DataType getFront()                          //读取队首元素
{
    if(isEmpty())
        throw "Error: Queue is empty. Can't get front.\n";
    else
        return front->data;
}
void display()                               //显示队列
{
    if(isEmpty())
        cout <<"Queue is empty." <<endl;
    else
    {
        QueueNode * p =front;
        while(p !=NULL)
        {
            cout <<p->data <<" ";
            p =p->next;
        }
        cout <<endl;
    }
    return;
}
};
```

循环队列和链式队列的比较如下。

(1) 时间复杂度：循环队列和链队列的基本操作都是常数时间，即时间复杂度为 $O(1)$。然而，循环队列是预先申请好空间，而链队列是即时申请空间。因此，在频繁的入队和出队操作下，链队列的每次申请和释放结点可能会带来一定的性能消耗和时间开销。

(2) 空间复杂度：循环队列必须有一个固定的长度，这可能会导致存储元素个数和空间的浪费。链队列则不存在这个问题，虽然它需要一个指针域，会产生一些空间上的开销，但这是可以接受的。在空间上，链队列更加灵活。在可以确定队列长度最大值的情况下，可以使用循环队列；如果无法预估队列的长度，则可以使用链队列。

◆ 4.5　堆栈和队列的应用场景

4.5.1　堆栈的应用场景

堆栈的应用较为广泛，包含下面一些场景。

(1) 括号匹配：在编写或解析某些编程语言的代码时，需要检查括号是否正确匹配，可以使用堆栈来检查。首先将所有开括号(如'(','[','{')压入堆栈。然后每遇到一个闭括号(如')',']','}')，就从堆栈顶取出一个元素，如果取出的元素与当前的闭括号匹配，则继续；否则，说明括号不匹配。

(2) 表达式的计算：将数学中的中缀表达式转换为后缀表达式(逆波兰表示法)，利用堆栈程序可以完成表达式的计算。逆波兰表达式不使用括号来表示优先级，而是使用堆栈。

例如,表达式"(2 + 3) * 4"可以表示成后缀表达式"2 3 + 4 *"。在解析这种表达式时,只须从左到右扫描表达式,每次遇到一个操作数就压入堆栈,每次遇到一个操作符就取堆栈顶的两个元素进行计算,然后将结果压回堆栈。最后,堆栈顶的元素就是表达式的值。中缀表达式转换为后缀表达式也可以借助堆栈实现。

(3) 图算法:图论中的深度优先搜索(DFS)算法使用堆栈来记录搜索的路径,当搜索到一个新的顶点时,先将这个顶点压入堆栈,然后对其未被访问过的相邻顶点进行同样的操作。当所有的顶点都被访问过后,搜索结束。

(4) Web 爬虫:在抓取网页信息时,Web 爬虫通常会使用堆栈来保存待处理的 URL。每当爬虫抓取完一个网页,就会将该网页的链接压入堆栈,然后对这些链接进行逐一处理。

堆栈应用是非常广泛的,还有很多其他应用场景。只要是涉及后进先出的场景,都可以考虑使用堆栈来解决。

4.5.2 队列的应用场景

队列在许多应用场景中都发挥着重要作用,以下是一些队列的主要应用场景。

(1) 操作系统的任务调度。在操作系统中,任务调度器通常使用队列来管理进程或线程的执行顺序。当一个进程或线程需要等待资源或时间时,它会被放入等待队列;当资源或时间可用时,它会被从等待队列中取出并执行。

(2) 缓冲处理。在生产者和消费者的模型中,队列常用于作为缓冲区。生产者将产品放入队列,消费者从队列中取出产品进行处理。这样可以有效地平衡生产者和消费者的工作速度,避免资源的浪费。

(3) 打印机打印。当多个用户同时向打印机发送打印请求时,打印机可以使用队列来管理这些请求。打印机将每个请求放入打印队列,然后按照队列的顺序依次处理这些请求。

(4) 树的层序遍历算法。树的层序遍历是按照树的层次从上到下、从左到右进行遍历。创建一个队列,将根结点入队。当队列不为空时,重复以下步骤:第一步,队列的头结点出队,访问该结点;第二步,如果该结点的左子结点不为空,将左子结点入队;第三步,如果该结点的右子结点不为空,将右子结点入队。

(5) Web 服务器。在 Web 服务器中,队列常用于管理用户的请求。当一个用户发出请求时,服务器将其放入请求队列;当服务器准备好处理该请求时,它从请求队列中取出请求进行处理。

以上只是队列应用的一部分例子,它的应用是非常广泛的。只要是涉及先进先出的场景,都可以考虑使用队列来解决。

◆ 4.6 能 力 拓 展

4.6.1 波兰表达式求值

波兰表达式求值

波兰表达式中二元运算符置于与之相关的两个运算对象之前,例如,普通的表达式"2 + 3"的波兰表示法为"+ 2 3",这种表示法也称为前缀表达式。波兰表达式的优点是运算符之间不必有优先级关系,也不必用括号改变运算次序,例如,"(2 + 3) * 4"的波兰表达式为"＊　＋２３４"。本题求解波兰表达式的值,其中,运算符包括＋、－、＊、／4 个。输入为一行,其中运算符和运算数之间都用空格分隔,运算数是浮点数。输出为一行,即表达式的值。

解题思路:

前缀表达式从右往左扫描时,如果发现一个运算符,那么该运算符要操作最接近的两个数字。例如,算式"＊　＋11.0 12.0 ＋ 24.0 35.0"的计算过程如图 4.13 所示。

借用堆栈可以完成前缀表达式的计算,从右至左扫描表达式,遇到数字时,将数字压入堆栈,遇到运算符时,堆栈栈顶的两个元素就是运算符对应的运算数,弹出栈顶两个数字,用运算符对它们做相应的计算,将结果压入堆栈,作为后续运算符的运算数。重复上述过程直到表达式最左端,最后栈中唯一元素的值即为表达式的结果。

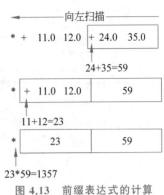

图 4.13　前缀表达式的计算

```cpp
#include <bits/stdc++.h>
using namespace std;
/* * 计算算式的函数 * /
double calc(double num1, double num2, char op)
{
    switch(op)
    {
    case '+':
        return num1+num2;
    case '-':
        return num1-num2;
    case '*':
        return num1 * num2;
    case '/':
        return num1/num2;
    }
}
int main()
{
    char str[100];
    char eqution[50][10];                    //放算式的字符串数组
    stack<double>oprand;                     //数字栈
    cin.getline(str,100);
    //切割字符串到数组 eqution
    char * p;
    int index=0;
    p=strtok(str," ");
    while(p)
    {
        strcpy(eqution[index++],p);
```

```
        p=strtok(NULL," ");
    }
    index--;
    while(index>=0)
    {
        //逆着访问取出每个字符串,从右往左访问
        //如果是运算符,弹出两个数字进行计算
        if(!strcmp(eqution[index],"+")||!strcmp(eqution[index],"-")||
            !strcmp(eqution[index]," * ")||strcmp(eqution[index],"/"))
        {
            double num1=oprand.top();
            oprand.pop();
            double num2=oprand.top();
            oprand.pop();
            oprand.push(calc(num1,num2,eqution[index][0]));
        }
        else                                    //如果是数字,压入堆栈
        {
            double num=atof(eqution[index]);    //将数字字符串转换为数值
            oprand.push(num);                   //数字入栈
        }
        index--;
    }
    printf("%f\n", oprand.top());
    return 0;
}
```

4.6.2 银行排队模拟

队列常用于模拟排队的场景,最直观的一种队列是许多顾客到柜台前接受服务,而服务的吞吐量有限,顾客需要排队等待,直到接受服务,而且接受服务需要一定的时间。本题使用面向对象的设计思想进行分析,将银行的属性和操作封装为 Bank 类,将顾客的属性和操作封装为 Customer 类,如图 4.14 所示,将顾客对象作为队列的数据类型套入队列类的模板。

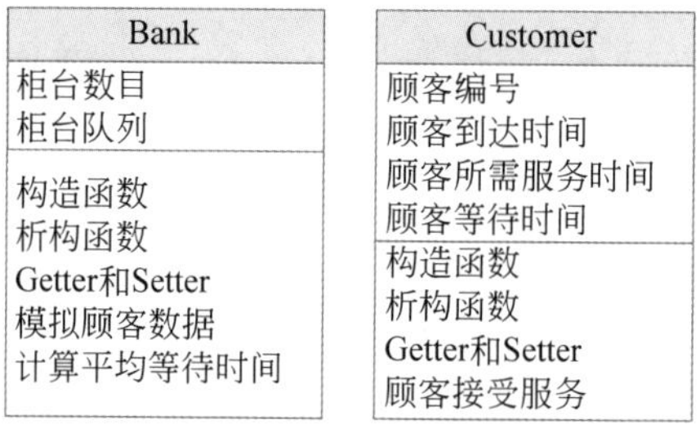

Bank	Customer
柜台数目 柜台队列	顾客编号 顾客到达时间 顾客所需服务时间 顾客等待时间
构造函数 析构函数 Getter和Setter 模拟顾客数据 计算平均等待时间	构造函数 析构函数 Getter和Setter 顾客接受服务

图 4.14 银行类和顾客类

银行类的代码结构如下。

```
class Bank
{
```

```
private:
    static const int arrivals[7];              //一分钟顾客到达数量分布区间
    static const int arrivalsNum[7];           //对应区间的顾客数量
    static const int service[11];              //一个顾客需要服务时间分布区间
    static const int serviceNum[11];           //对应区间的服务时间
    LinkQueue<Customer> * waitQueue;           //队列数组
    int tellerNumber;                          //银行柜员的数目
public:
    Bank();                                    //无参构造函数
    Bank(int tellerNumber);                    //有参构造函数
    /* * 使用随机数,算出属于数组的那个区间,产生顾客数据 * /
    int computeOption(int option);
    int computeWaitTime(int comingTime);       //模拟银行排队过程,计算平均等待时间
    LinkQueue<Customer> * getWaitQueue(){return waitQueue;};
    int getTellerNumber() {return tellerNumber;};
};
```

顾客类的代码结构如下。

```
class Customer
{
private:
    int id;                        //顾客编号
    int arrivTime;                 //到达时间
    int origSerTime;               //原始的服务时间
    int serviceTime;               //当前所需要的服务时间
    int waitTime;                  //顾客等待时间
public:
    Customer():id(0),arrivTime(0), origSerTime(0),serviceTime(0),waitTime(0)
{};
    Customer(int id,int arrivTime,int serviceTime);
    bool inService1min(int now);      //顾客接受一分钟服务
//Getter 和 Setter 略
}
```

银行需要考虑顾客排队等候的情况,如需要多少柜台才能避免排长队？等候的空间需要多大才能容纳排队的客户？是增加空间大小还是增加服务人员？哪个花费更小？要得出以上问题的解答,分为以下 3 个步骤。

1. 模拟产生顾客数据

在一年中不同的月份对银行的真实数据进行记录。记录每天每分钟出现的顾客人数,统计每分钟出现顾客人数的比例分布。记录每个顾客所需要的服务时间(以 min 为单位),统计每个顾客所需服务时间的比例分布,如表 4.1 和表 4.2 所示。表中的区间界限存入数组 arrivals 和 service,对应的人数和服务时间存入数组 arrivalsNum 和 serviceNum。

"时间驱动"通常在程序设计中,如在事件驱动编程时,程序的执行由时间因素控制,例如,定时器、时钟信号等。将时间的因素引入程序的执行流程控制中,使得程序的执行可以响应时间的变化。

表 4.1　银行顾客人数分布概率

每分钟顾客人数	0 人	1 人	2 人	3 人	4 人	5 人	6 人	7 人
分布概率	25%	13%	34%	6%	11%	9%	0%	2%
随机数范围	0～24	25～37	38～71	72～77	78～88	89～97	无	98～99

表 4.2　银行顾客服务时间分布概率

顾客服务时间	3	4	5	6	7	8	9	10	11	12	13
分布概率	19%	21%	23%	6%	1%	2%	1%	5%	8%	9%	5%
随机数范围	0～18	19～39	40～62	63～68	69	70～71	72	73～77	78～85	86～94	95～99

使用时间驱动的方法,每分钟模拟产生若干顾客,并模拟每个顾客所需要的时间,每分钟产生一组顾客对象。使用 rand()函数产生一个 0～99 的随机数,计算出随机数落入的区间,得出模拟数据。定义一个指针＊array,如果 option 取值为常量 CUSTOMER,指向顾客 arrivals 数组;如果 option 取值为常量 SERVICE_TIME,指向服务时间 service 数组。

```cpp
/* * <使用随机数,算出属于数组的那个区间 * /
int Bank::computeOption(int option)
{
    const int * arr;
    if(option==CUSTOMER)
        arr=arrivals;
    else if(option==SERVICE_TIME)
        arr=service;
    else
        return 0;
    int seed=rand()%100;              //产生一个 0～99 的随机数
    int i=0;
    while(seed>arr[i])
        i++;
    if(option==CUSTOMER)
        return arrivalsNum[i];
    else if(option==SERVICE_TIME)
        return serviceNum[i];
    else
        return 0;
}
```

2. 模拟银行为顾客服务的过程

在这个问题中,每个客户有 4 种行为:到达银行开始排队、在队列中等待、接受服务、离开银行。程序将模拟 4 种行为,4 种行为都由时间来驱动。在银行类中添加一组队列:

```cpp
Bank::Bank(int tellerNumber)
{
    this->tellerNumber=tellerNumber;
```

```
          waitQueue=new LinkQueue<Customer>[tellerNumber];          //产生多个队列
}
```

指定持续的时间,在 computeWaitTime() 函数中完成排队,在按时间轮转进行的循环中加入对队首元素的处理。使用循环产生一段时间的数据,每分钟生成对应的顾客数据。依次处理每个顾客,选取最短的队列加入队尾。

```
int comingCustm=computeOption(CUSTOMER);
for(int j=0; j<comingCustm; j++)
{
    int serTime=computeOption(SERVICE_TIME);
    //产生一个新顾客对象
    Customer newCustm(customerId,i,serTime);
    //选择最短的一队,将顾客加入队列
    int minPeople=MAX;                          //最少人数
    int minQueue=0;                             //最短队列
    for(int k=0; k<getTellerNumber(); k++)
    {
        if(getWaitQueue()[k].queueLength()<minPeople)
        {
            minQueue=k;
            minPeople=getWaitQueue()[k].queueLength();
        }
    }
    //新顾客加入最短队列
    getWaitQueue()[minQueue].enQueue(newCustm);
    customerId++;
}
```

对每个队列的队首元素进行处理,队首接受一分钟服务。如果有元素要出队,输出它的信息,计算等待时间。

```
for(int k=0; k<getTellerNumber(); k++)
{
    if(getWaitQueue()[k].isEmpty())
        continue;
    //队首顾客处理业务,frontCstm 指向队首顾客
    Customer & frontCstm =getWaitQueue()[k].getFront();   //调用函数获得队首
    bool isFinish=frontCstm.inService1min(i);             //顾客接受服务
    //如果办理完毕,出列
    if(isFinish)
    {
        totalTime+=frontCstm.getWaitTime();
        getWaitQueue()[k].deQueue();                      //顾客出列
    }
}
```

停止进入顾客之后,队列可能不为空,依次处理每个队列,将剩余的元素出队。

```
    int itmp=i;
        //处理没有排完的队
    for(int k=0; k<getTellerNumber(); k++)
    {
        i=itmp;
        //如果队列不为空,继续执行
        while(!getWaitQueue()[k].isEmpty())
        {
            Customer & frontCstm =getWaitQueue()[k].getFront();    //调用函数获得队首
            bool isFinish=frontCstm.inService1min(i);
            //如果服务时间==0,办理完毕,出列
            if(isFinish)
            {
                totalTime+=frontCstm.getWaitTime();
                getWaitQueue()[k].deQueue();                        //顾客出列
            }
            i++;
        }
    }
```

在每一分钟的时间内,队首顾客接受柜台服务。队首顾客的服务时间要减 1,为了保存原始的服务时间,为 Customer 类增加一个属性 origSerTime 表示顾客所需服务时间,在构造函数中完成赋值。函数 inService1min(int now)中顾客接受一分钟的服务,serviceTime 减 1,如果服务结束了,计算出离开时间,顾客出队,函数返回 true。若服务没有结束,返回 false。

```
bool Customer::inService1min(int now)
{
    serviceTime--;
    if(serviceTime==0)
    {
        waitTime=now+1-arrivTime;
        return true;
    }
    else
        return false;                        //服务结束
}
```

3. 计算顾客的平均等待时间

将总的等待时间 totalTime 除以总的顾客人数即可计算得出顾客的平均等待时间,分析不同的柜台数目下平均等待时间的值,调整到顾客可以接受的区间。

◆ 习　题

1. 一个堆栈大小为 n,它的进栈序列为 $1,2,3,\cdots,n(1\leqslant n\leqslant 11)$,请问该堆栈有多少个不同的出栈序列?

2. 小熙去旅游来到了群山之巅,他可以观察到附近 n 座山的高度 h_i。站在第 i 座山(i 从 1 开始取)从左向右看,如果第 j 座山满足 $i<j$ 且 $h_i<h_j$,可以说"从第 i 座山可以仰视第 j 座山",求每座山最近的仰望对象。第一行输入一个整数 n($1\leqslant n\leqslant 100\,000$)表示山的数量,接下来一行输入 n 个数 h_i($1\leqslant h_i\leqslant 100\,000$)表示每座山的高度。输出包括 n 行,按顺序每行输出这座山最近的仰视对象,如果没有输出 0。

3. 小 y 正在玩游戏,他将控制一些角色与最终 boss 终焉对决。但是因为终焉实在是太强了,所以只有当前最强的角色才能对他造成伤害。同时终焉不会坐以待毙,他会让小 y 失去当前最新获得的角色。小 y 想知道自己还剩下的角色的数量、当前战斗力最强的角色的战斗力以及能否战胜终焉。第一行输入两个正整数 n,k($1\leqslant n\leqslant 100\,000,1\leqslant k\leqslant 1\,000\,000\,000$)。对应这场战斗会出现的操作数分别有以下 3 种格式。

格式 1:0 X,表示小 y 会收集到一个战斗力为 X 的新角色。

格式 2:1 表示终焉会让小 y 失去一个角色。

格式 3:2 表示一次查询,查询当前小 y 角色的最大战斗力,如果战斗力大于终焉,则输出"YES"(不包括引号),否则输出"NO"(不包括引号)。

输出行数为格式 3 的数量。当小 y 的角色数量为 0 时,应该输出 0 和"NO"且忽略格式 2。测试数据保证至少有一次格式 3。

4. 小辜参加了方神夏令营,教官要求他们 55 级以上的人都出列。但是很明显小辜他们一行人都是方神高手,都已经达到了 55 级以上。教官表示:"你们 n 个人围成一个圈,从第一个人开始报数,数到 m 那个人就出列,然后再由下一个人从 1 开始,直到所有人都出列,我要按照你们的出列顺序给你们加训。"小辜想知道所有人的出列顺序,所以请你来帮他求出这个序列。输入格式为一行两个整数 n,m($1\leqslant n,m\leqslant 1000$)。输出包括一行 n 个数字表示出列顺序。

5. 由于第一题中数据太少,所以决定增加数据。一个堆栈大小为 n,它的进栈序列为 $1,2,3,\cdots,n$($1\leqslant n\leqslant 1000$),请问该堆栈有多少个不同的出栈序列?答案可能很大,请输出答案对 1000000007 取模的结果。输入包含一个整数 n,表示栈的大小。输出一个整数,表示栈的序列的数量。

6. 露露很喜欢滑着走,但是有一天她在滑行的途中遇到了一串数字,由于她的体形有限,无法在滑行的过程中同时访问所有数字,所以她想知道如果从最左端开始滑,滑到最右端,每个时间段她能收集到的最大值和最小值。(假设一共有 n 个数字,她的体形为 m(每次她可以访问后面的 m 个数字,如果不足 m 就按当前位置和最后之间的距离来算))。输入包括两行,第一行包含两个整数 n,m($1\leqslant m\leqslant n\leqslant 200\,000$)表示数字总数和露露的体形,第二行包括 n 个整数 a_i($1\leqslant a_i\leqslant 200\,000$)。输出包含两行,第一行表示每次滑动时可以访问到数中的最小值,第二行表示每次滑动时可以访问到数中的最大值。

7. 有一天小 g 正在玩游戏,NPC 给他提了一个问题,只要回答出这个问题,他就可以得到 114 514 个水晶。小 g 非常喜欢这个数字,所以他来向你寻求帮助。给你一个长度为 n($1\leqslant n\leqslant 1000$)的数字,你需要从中删掉 m($0\leqslant m\leqslant n$)个数字使得这个数字最小。第一行输入一个数字 n($1\leqslant n\leqslant 1000$),第二行输入一个数字 m 表示要删掉的数字的数量。输出包含一行,表示删掉 m 个数字之后最小的数字。

8. 有一个整数序列。你的任务是找到满足以下条件的最长子区间:子区间的最大元素和最小元素之间的差异不小于 m 且不大于 k。输入第一行包含三个整数 $n,m,k(1\leqslant n\leqslant$ 100 000)，$(0\leqslant m,k\leqslant 100\ 000)$，第二行包括 n 个整数 $a_i(1\leqslant a_i\leqslant 1\ 000\ 000)$。输出包含一个整数，表示子区间的长度。

9. 有一天小刘在路上看到了个奇怪的图腾，它由 n 个柱子组成，每个柱子的高度为 h_i。他发现一些相邻的柱子高度相同的部分，可以拼在一起组成一个矩形。他想知道从这个图腾中选取一些相邻的部分，能组成的最大的矩形的面积是多少。输入第一行包括一个整数 $n(1\leqslant n\leqslant 200\ 000)$ 表示图腾中柱子的数量，第二行包括 n 个整数 $h_i(1\leqslant h_i\leqslant 1000\ 000\ 000)$，表示柱子的高度。输出包含一个整数，表示最大的矩形的面积。

10. 烟花秀要来了，小宫准备了很多的烟花，但她不小心把它们都弄丢了。小宫虽然很擅长制作烟花，但是烟花秀马上开始了。在接下来的时间里烟花会定时燃放，她知道每个烟花的位置，也知道每个烟花燃放的时间和它的绚烂程度。她所在的岛有 n 个区域，从左到右编号为 $1\sim n$，每个区域之间是一个单位长度。小宫制作了 m 个烟花，放的地点为 a_i，时间为 t_i，绚烂程度为 b_i，假如当前你在区域 x，那么你可以获得 $b_i-|a_i-x|$ 的开心值。她的初始位置为 1，每个单位时间可以移动 k 个单位长度，她想知道她最大的开心值是多少，你可以告诉她吗？输入第一行三个整数 n,m,k 表示 n 个区域 m 个烟花要燃放，每个单位时间移动 k 个距离 $(1\leqslant n\leqslant 100\ 000,1\leqslant m\leqslant 300,1\leqslant k\leqslant n)$。

接下来 n 行，每行三个整数 $a_i,b_i,t_i(1\leqslant a_i\leqslant n,1\leqslant b_i\leqslant 1\ 000\ 000\ 000,1\leqslant t_i\leqslant 1\ 000\ 000\ 000)$ 表示烟花燃放的位置、绚烂程度和燃放时间（保证输入的 $t_i\leqslant t_{i+1}$）。输出一个整数表示最大的开心值。

第5章

串

◇ 5.1 串的定义

5.1.1 串的基本概念

串,即字符串(String),是由 $n(n\geqslant0)$ 个字符组成的有限序列。串由双引号进行界定,引号之内的字符序列是串的值,可以是字母、数字或其他字符。长度为 0 的串称为空串,用 ϕ 表示。

串的相关概念如下。

(1) 子串:串中连续的 $m(0\leqslant m\leqslant n)$ 个字符组成的子序列。

(2) 主串:包含子串的串。

(3) 字符在主串中的位置:字符在串中的序号。

(4) 子串在主串中的位置:子串的第一个字符在主串中的位置。

串中数据之间呈线性关系,每个字符有前驱和后继。串与线性表之间的主要区别在于串的数据对象限定为字符集,其基本操作通常以子串为操作对象。

5.1.2 抽象数据类型定义

串的类主要描述数据和操作,其中,数据是一个字符数组,基本操作包括串的拼接、子串查找、串的长度、子串位置、子串匹配等,具体的抽象数据类型如下。

```
ADT String{
数据对象: D={a_i|a_i∈CharacterSet,i=1,2,…,n(n≥0)}
数据关系: S={<a_{i-1},a_i>|a_{i-1},a_i∈D(i=2,…,n)}
基本操作:
concat(String ss)——串的拼接。
substring(int pos,int len)——子串查找。
strcpy(String dest)——串的复制。
strins(int pos,String t)——串的插入。
getlength()——获取串的长度。
clearstr()——清空串。
compare(String t)——串的比较。
index(String t)——子串的位置。
}
```

根据串的抽象数据类型可以得到如下串的类。

```
#define MAXLENGTH 255          //串允许的最大长度为 255

class String{
private:
    char s[MAXLENGTH];
    int length;
    void init(const char * ss);
public:
    String(){}
    String(const char * ss);
    String(char * ss, int start =0, int len =0);
    void operator =(const char * ss);
    String& concat(String ss);
    String substring(int pos,int len);
    String strcpy(int start, int len);
    String strcpy(int start);
    String strcpy();
    bool strins(int pos,String t);
    int getlength();
    int compare(String t);
    int index(String t);
    char getchar(int i);
    char * toarray();
};
```

◆ 5.2 串 的 实 现

5.2.1 串的构造

　　String 类中提供了三个构造函数，包括无参构造函数、有参构造函数、带默认值的有参构造函数，这些不同的构造函数为后续操作的实现提供了便利。其中，无参构造函数已经实现，其他两个有参字符串的实现代码如下。

```
//初始化操作,该函数将会在多处被调用,但不需要提供给外界使用,所以被 private 修饰
void String::init(const char * ss){
    int len =strlen(ss);
    for(int i =0; i <len; i ++){
        this->s[i] =ss[i];
    }
    this->s[len] ='\0';
    this->length =len;
}
//用字符串常量构造 String 对象
//ss: 常量字符串
String::String(const char * ss){
    init(ss);
```

```
    }
    //用字符串构造 String 对象
    //ss:字符串
    //start:字符串中的起始位置,默认值为 0
    //len:连续字符个数,默认值为 0
    String::String(char * ss,int start, int len){
        int l =strlen(ss);
        if(len ==0) len =l;                //如果是默认值,则用整个字符串构造 String 对象
        else
            len =min(l,len);               //否则,取字符串长度和参数 len 的最小值来构造对象
        for(int i =0; i <len; i ++){
            this->s[i] =ss[start +i];
        }
        this->s[len] ='\0';
        this->length =len;
    }
```

5.2.2 串的赋值

例 5.1 串的赋值。

串的赋值可以通过重载赋值运算符加以实现,代码如下。

```
//赋值符号后面是字符串常量,所以参数类型为 const char *
//具体赋值过程与构造函数 String(const char * ss)一致
void String::operator =(const char * ss){
    init(ss);
}

//返回 String 类中的成员变量,方便输出操作
char * String::toarray(){
    return this->s;
}

//返回串的长度
int String::getlength(){
    return this->length;
}

//测试对象构造和赋值
int main(){
    String s,ss(" C++");
    s ="hello world";                     //使用赋值语句构造串的对象
    cout<<"s:"<<s.toarray()<<"(length:"<<s.getlength()<<") "<<endl;
    cout<<"ss:"<<ss.toarray()<<"(length:"<<ss.getlength()<<") "<<endl;
    return 0;
}
```

运行结果:

78

```
s:hello world(length:11)
ss: C++(length:4)
```

5.2.3　子串截取

例 5.2　子串截取。

截取串中指定位置为 pos、指定长度为 len 的子串,如果从串的 pos 到达串的末尾的字符数量大于 len,则直接截取;否则,根据实际情况截取。

```
//截取子串
//pos: 子串开始的位置
//len: 要截取子串的长度
String String::substring(int pos,int len){
    char t[len +1];
    //计算从 pos 开始串中剩余的字符数,并确定实际可截取子串的长度
    len =min(len,this->getlength() -pos +1);
    for(int i =0; i <len; i ++){          //形成子串字符数组
        t[i] =this->s[pos +i];
    }
    t[len] ='\0';
    String ss(t);                         //利用子串字符数组构造 String 对象
    return ss;
}

int main(){
    String s;
    s ="substring";
    String sub =s.substring(2,5);
    cout<<"test1:"<<sub.toarray()<<endl;
    String sub2 =s.substring(2,15);
    cout<<"test2:"<<sub2.toarray()<<endl;
    return 0;
}
```

运行结果:

```
test1: bstri
test2: bstring
```

第一次测试,从第 2 个字符开始截取长度为 5 的子串,此时,串可以满足截取长度为 5 的子串;第二次测试,从第 2 个字符开始截取长度为 15 的字符串,显然,串的长度不够,只能根据实际情况进行截取。

5.2.4　子串插入

例 5.3　子串的插入。

在串指定的位置 i 处插入子串 t,需要从串的最末尾处将字符向后移动 L 个单元(L 为

串 t 的长度），然后再将 t 插入对应位置，如图 5.1 所示。

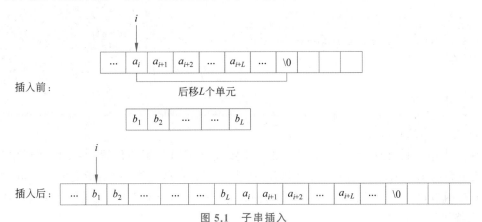

图 5.1　子串插入

完整代码如下。

```cpp
//在串的指定位置插入子串
//pos: 插入子串的位置
//t: 要插入的子串
bool String::strins(int pos,String t){
    int off =t.getlength();
    //串和子串的长度大于串的最大存储空间,插入失败,返回
    if(this->getlength() +off >=MAXLENGTH) return false;
    //从串的最后字符开始,将每个字符移动到 off 个存储单元之后
    for(int i =this->length -1; i >=pos; i --){
        this->s[i +off] =this->s[i];
    }
    char * st =t.toarray();
    //pos 至 pos+off 的位置已空,可以将 t 的内容逐一复制过来
    for(int i =0; i <off; i ++){
        this->s[i +pos] =st[i];
    }
    this->length +=off;
    this->s[this->length] ='\0';
    return true;
}

int main(){
    String s;
    s ="substring";
    String t(" of a ");
    cout<<"source:"<<s.toarray()<<endl;
    cout<<"insert a string at the 3rd char:"<<t.toarray()<<endl;
    if(s.strins(3,t)){
        cout<<s.toarray()<<endl;
    }
    return 0;
}
```

运行结果：

```
source:substring
insert a string at the 3rd char: of a
after inserted:sub of a string
```

5.2.5　串的复制

例 5.4　串的复制。

将一个串复制,构成另外一个串。通过指定复制子串开始的位置 start 以及子串长度 len,构造新的串对象返回。为了方便操作,提供了三个重载函数,包括指定开始 start 和长度 len 的函数,只有开始位置 start(长度为串长 $L-$start),没有参数(复制整个串)。

完整代码如下。

```
//复制指定子串,从 start 开始,长度为 len
String String::strcpy(int start, int len){
    char * chs =this->toarray();
    String ss(chs,start,len);   //根据串的内容,以及 start、len 的限定构造 String 对象
    return ss;
}

//重载 strcpy,只提供 start,意味着从 start 开始直到串的结尾
String String::strcpy(int start){
    return strcpy(start,this->getlength() -start);
                                    //构造完整的参数列表,调用第一个函数
}

//重载 strcpy,无参数,意味着完整复制
String String::strcpy(){
    return strcpy(0,this->getlength());     //构造完整的参数列表,调用第一个函数
}

int main(){
    String s;
    s ="substring";
    String cp1 =s.strcpy(2,5);
    String cp2 =s.strcpy(5);
    String cp3 =s.strcpy();
    cout<<cp1.toarray()<<endl;
    cout<<cp2.toarray()<<endl;
    cout<<cp3.toarray()<<endl;
    return 0;
}
```

运行结果：

```
bstri
ring
```

```
substring
```

5.2.6 串的比较

例 5.5 串的比较。

比较两个串的大小,直接调用 strcmp() 实现:

```
int String::compare(String t){
    return strcmp(this->s,t.toarray());
}
```

5.2.7 串的拼接

例 5.6 串的拼接。

将一个串拼接在另一个串的后面形成一个更长的串,代码如下。

```
String& String::concat(String ss){
    int base =this->getlength();
    int len =ss.getlength();
    if(base +len >=MAXLENGTH) throw "overflow";
    for(int i =0; i <ss.getlength(); i ++){
        this->s[base +i] =ss.getchar(i);
    }
    length +=ss.getlength();
    this->s[length] ='\0';
    return * this;
}

int main(){
    String s,ss(" C++");
    s ="hello world!";
    try{
        cout<<"s1:"<<s.toarray()<<endl;
        cout<<"s2:"<<ss.toarray()<<endl;
        s =s.concat(ss);
        cout<<"after concat:"<<endl<<s.toarray()<<endl;
    }catch(const char * err){
    }
    return 0;
}
```

运行结果:

```
s1:hello world!
s2: C++
after concat:
hello world! C++
```

5.3 串的模式匹配算法

5.3.1 暴力匹配

例 5.7 串的暴力匹配。

串的匹配是串的重要操作，主要用于从主串中查找到模式串的位置，其中，主串一般指长的串，用于检测是否包含较短的模式串。

暴力匹配的过程如图 5.2 所示。

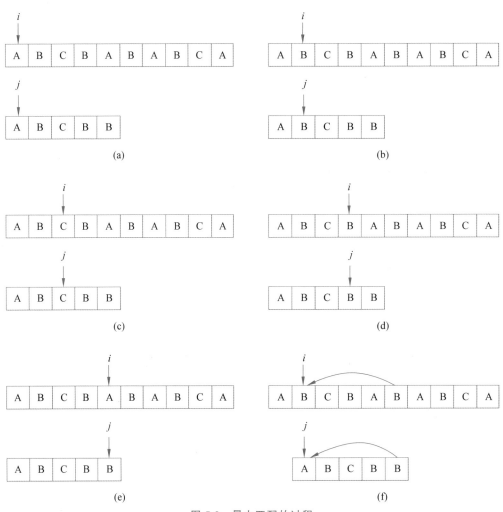

图 5.2 暴力匹配的过程

从图 5.2 可知，主串和模式串都从头开始逐一比对，如果对应位置的字符相同，则主串和模式串都向后移动一个单位，继续比对。当对应位置的字符不相同时，称为失配，此时主串回溯至上次匹配开始的后一个位置，而模式串则回溯至第一个位置，如图 5.2(f) 所示。

代码如下。

```
int String::index(String t){
    int n =this->getlength();
    int m =t.getlength();
    bool matched =true;
    char * st =t.toarray();
    int i,j;
    for(i =0; i <n -m +1; i ++){
        matched =true;
        for(j =0; j <m; j ++){
            if(s[i+j] !=st[j]){
                matched =false;
                break;
            }
        }
        if(matched){
            return i;
        }
    }
    return -1;
}
```

暴力匹配的思路简单、操作易行,但其中进行了大量的回溯,特别是主串上回溯的次数过多,导致算法效率低下。假定主串的长度为 n,模式串的长度为 m,则算法的复杂度为 $O(nm)$。

5.3.2　KMP 匹配算法

根据暴力匹配过程,当主串从 $i+1$ 的位置开始与模式串中的字符逐个匹配,但在 $i+k$ 的位置失配,即 $s[i+k] \neq t[k]$,如图 5.3 所示。此时,主串需要从 $i+k$ 的位置回溯到 $i+2$ 的位置,模式串需要从 k 回溯到开头位置,讨论如下两种情况。

KMP 匹配
算法

图 5.3　匹配失败主串不需要回溯

(1) 如果从 $i+2$ 开始,主串与模式串能够进行完全匹配,则字符串 $s[i+2..i+k-1]=t[1..k-2]$,此时需要逐一判断从 $s[i+k]$ 开始的主串字符是否与 $t[k-1]$ 开始的模式串字符相同,因此在 $i+k$ 匹配失败后,如果主串与模式串能够匹配,则只需要判断从 $i+k$ 位置开始的后续字符是否相同,因此,主串不用回溯。

(2) 如果从 $i+2$ 开始主串与模式串不能完全匹配,则主串需要从 $i+3$ 的位置开始判断主串与模式串是否相同,如果从 $i+3$ 的位置开始主串与模式串匹配,则情况等同于情况(1),主串仍然不用回溯。如果不能完全匹配,持续试探 $i+4,\cdots,i+k$,其推理过程与情况(1)(2)相同。

综合以上两点可知,在匹配过程中如果匹配失败,主串不用回溯。

由于主串不回溯,则只需回溯模式串,因此在主串 $i+k$ 处存在如图 5.4 所示的部分匹配关系。

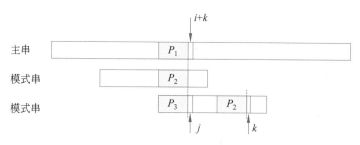

图 5.4　模式串回溯存在的部分匹配

图 5.4 中模式串回溯至前缀 P_3 后面的位置 j 时,P_3 可以与主串 $i+k$ 处的后缀 P_1 匹配,则必然存在后缀 P_1、P_2 与前缀 P_3 相等,即在模式串 k 处失配时,模式串中存在相同的前后缀 P_3、P_2(公共前后缀)。实际中可能有长度不同的多组前后缀,为了不丢失可能的匹配,需要将模式串回溯至最长前缀之后的位置重新开始匹配。假设前缀 P_3、后缀 P_2 为最长公共前后缀,当模式串在位置 k 处失配时,需要回溯到最长公共前缀后面的一个位置 j,记为 next[k]=j,并从位置 j 开始与主串进行匹配。

下面以图 5.5 为例说明模式串的回溯过程。当主串和模式串在位置 k 处失配,主串仍然保持在 k 处,模式串回溯。由于模式串在位置 k 失配时的最长公共前后缀为"AB",长度为 2,所以子串回溯的位置为 2,并从位置 2 处继续向后匹配。

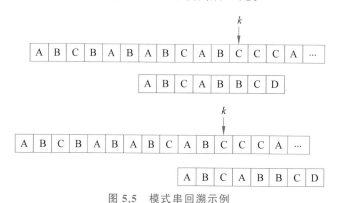

图 5.5　模式串回溯示例

由于模式串的任意位置都可能失配,所以需要计算模式串中每个位置失配时的最长公共前后缀。图 5.6 中存在最长公共前后缀 A=B,即 next[$j-1$]=k,如果 $t[k]=t[j-1]$,则 next[j]=$k+1$。

如果 $t[k] \neq t[j-1]$,则不能在 A、B 的基础上继续生成在 j 处失配时的最长公共前后缀,需搜索新前缀 A_1($A_1=t[1..i]$,$i<k=$ next[$j-1$]),并存在后缀 B_1 与 A_1 相同,如图 5.7 所示。

记在位置 $k=$ next[$j-1$]处失配时的最长公共前后缀为 A_1、A_2,因为 A=B,所以 $A_2=B_1$,联合 $A_1=A_2$ 可知 $A_1=B_1$。因此,在 1～$k-1$ 的范围内存在前缀 A_1,并在位置 $j-1$ 左侧存在后缀 B_1 与前缀 A_1 相同。

图 5.6　$t[k]=t[j-1]$ 时最长公共前后缀的计算

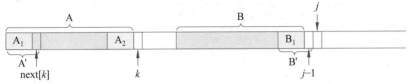

图 5.7　$t[k]\neq t[j-1]$ 时最长公共前后缀的计算

接下来分析 A_1 是在 $1\sim k-1$ 的范围内能够找到的最长前缀。假设当 $t[k]\neq t[j-1]$ 时存在比 A_1、B_1 更长的公共前后缀 A_{11}、B_{11}，如图 5.8 所示。由于 A＝B，因此 $A_{12}=B_{11}$，联合 $A_{11}=B_{11}$ 可知 $A_{11}=A_{12}$，这说明在 k 失配时存在比 A_1、A_2 更长的公共前后缀 A_{11}、A_{12}，这显然与在位置 k 处失配时的最长公共前后缀为 A_1、A_2 矛盾，因此，A_1 和 B_1 是 $t[k]\neq t[j-1]$ 时所能找到的最长公共前后缀。

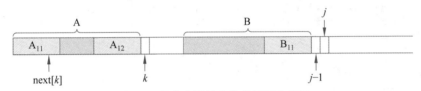

图 5.8　假定有更长公共前后缀的情况

由于 A_1 是在 $1\sim k$ 范围内能找到的最长公共前缀，如果 $t[\text{next}[k]]=t[j-1]$，此时形成在位置 j 处失配的最长公共前后缀 A'、B'，如图 5.7 所示。如果 $t[\text{next}[k]]\neq t[j-1]$，则置 $k=\text{next}[k]$ 继续向左迭代，经过若干次迭代必然最终会回退到模式串开头，置 $\text{next}[0]=-1$，$k=-1$。因为回退到 0 意味着公共前后缀为空串，此时执行操作 $\text{next}[j]=k+1=0$，即模式串回溯到开头，同时，主串后移 1 位；置 $\text{next}[1]=0$，因为在位置 1 匹配失败后，由于没有公共前后缀，模式串直接回溯到 0 的位置。

由此得到 next 数组的程序如下。

```cpp
void String::genNext(int * next){
    int len =this->getlength();
    next[0] =-1;
    next[1] =0;
    int j =2;
    int k =0;
    while(j <len) {
        if(k ==-1 || s[j -1] ==s[k]) {
            next[j] =k +1;
            j++;
            k++;
```

```
        }else {
            k =next[k];
        }
    }
}
```

按照以上程序计算模式串 ss ＝ "aaabe"的 next 数组,如表 5.1 所示。

表 5.1 模式串 ss ＝ "aaabe"的 next 数组

j	0	1	2	3	4
模式串	a	a	a	b	e
next	−1	0	1	2	0

KMP 算法如下。

```
int String::index_KMP(String t){
    int lena =this->getlength();
    int lenb =t.getlength();
    int * next =new int[lenb];
    char * tb =t.toarray();
    if(lena ==0 || lenb ==0) {
        return -1;
    }
    //计算 next 数组
    t.genNext(next);
    int i =0,j=0;
    while(i <lena && j <lenb) {
        if(j ==-1 || s[i] ==tb[j]) {
            i++;
            j++;
        }
        else {
            j =next[j];              //回退
        }
    }
    if(j >=lenb) {
        return i-j;
    }
    return -1;
}

int main(){
    String s,ss;
    s ="abbcaaabefdkijdsssaa";
    ss ="aaabe";
    int idx =s.index_KMP(ss);
```

```
    cout<<"index:"<<idx<<endl;
    return 0;
}
```

运行结果：

```
index: 4
```

假定主串的长度为 n，模式串的长度为 m，则算法的复杂度为 $O(n+m)$，相对于暴力匹配计算复杂度显著降低。

5.3.3 改进的 KMP 算法

KMP 算法大大提高了匹配效率，但仍然存在一些特殊的情况，使得算法存在一些不必要的操作。

考虑模式串"bbbbba"，根据 KMP 算法可得如表 5.2 所示 next 数组。

表 5.2 模式串"bbbbba"的 next 数组

j	0	1	2	3	4	5
模式串	b	b	b	b	b	a
next	−1	0	1	2	3	4

判断模式串在主串"bbbbcdbbbbbac"中的位置，具体过程如下。

（1）第一次从头开始匹配，在第 5 位模式串的字符'b'与主串的字符'c'不相同，失配，模式串退回到 $k=\text{next}[5]=4$ 的位置继续进行匹配。

（2）模式串第 4 位是'b'，与主串中第 5 位'c'仍然不同，模式串退回到 $k=\text{next}[4]=3$ 的位置继续进行匹配。

（3）模式串第 3 位是'b'，与主串中第 5 位'c'仍然不同，模式串退回到 $k=\text{next}[3]=2$ 的位置继续进行匹配。

（4）模式串第 2 位是'b'，与主串中第 5 位'c'仍然不同，模式串退回到 $k=\text{next}[2]=1$ 的位置继续进行匹配。

（5）模式串第 1 位是'b'，与主串中第 5 位'c'仍然不同，模式串退回到 $k=\text{next}[1]=0$ 的位置继续进行匹配。

当 $k=0$ 时，$\text{next}[0]=-1$，此时主串指针才能后移 1 位。出现这种情况的原因是模式串中前面 5 个字符相同，既然模式串的第 5 位与主串的第 5 位失配，那么模式串的前面 4 位字符与主串的第 5 位字符匹配必然失败，因此，对于模式串中存在连续相同字符的情况应该直接跳到第一个相同字符的前面，防止出现这种不必要的匹配。

如下为改进的 next 数组构造方法。

```
void String::genNext(int * next){
    int len =this->getlength();
    next[0] =-1;
```

```
next[1] =0;
int j =2;
int k =0;
while(j <=len) {
    if(k ==-1 || s[j -1] ==s[k]) {
        //next[j] =k +1;              //原始 KMP 的操作
        j++;
        k++;
        if(s[j -1] ==s[k]){
            next[j -1] =next[k];
        }else{
            next[j -1] =k;
        }
    }
    else {
        k =next[k];
    }
}
}

int main(){
    String s,ss;
    s ="bbbbcdbbbbbac";
    ss ="bbbbba";
    int idx =s.index_KMP(ss);
    cout<<"index:"<<idx<<endl;
    return 0;
}
```

原 next 数组：$-1\,0\,1\,2\,3\,4$。改进后的 next 数组：$-1\,0\,0\,0\,0\,4$。

◈ 5.4　能力拓展

能力拓展
——拍照

例 5.8 拍照。

现在有 n 排凳子，每排有 m 个凳子，第 i 排第 j 个凳子的高度为整数 a_{ij}。现在来 s 个人一起拍照，第 i 个人的身高为整数 b_i。为了拍照效果，摄影师需要在某排凳子中选择 s 个连续的凳子让拍照的人站上去，保证他们的高度相同并且不超过 9，否则无法进行拍摄（高度＝凳子高度＋身高）。请问有多少种不同的可行方案？

解题思路：

设 s 个人中最高身高为 $h_{\max}=\max(b_i)$，则所有人可能达到相同的高度为 $h_{\max}\sim 9$。通过枚举所有可能情况的复杂度为 $O(mns)$，复杂度过高，对于规模大的问题算法效率低下。

如果所有人站在的凳子上的高度为 $H=9-mb(mb\in[0,9-h_{\max}])$ 时，则每个人所需凳子的高度为 $h_i=H-b_i$，如图 5.9 所示。如果将 $\{h_i\}$ 序列看作一个字符串，则问题转换为查找子串 $t=\{h_i\}$ 在第 k 个主串 a_k 中是否存在（$k=1\sim n$）。应用 KMP 算法进行快速求解，此时，算法复杂度为 $O(n(m+s))$。

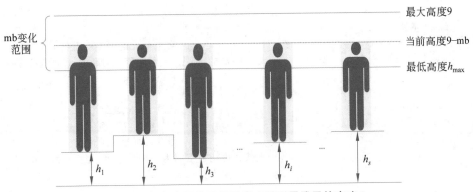

图 5.9 每个人要达到相同高度时所需凳子的高度 h_i

完整代码如下。

```cpp
#include <iostream>
using namespace std;

int n,m,s;
int next[1000010];
string a[1000010];
string b;
int ans;
void get_next(){
    for(int i=0;i<s;i++)next[i]=0;
    for(int i=1,j=0;i<s;i++)
    {
        while(j && b[i] !=b[j]) j =next[j-1];
        if(b[i] ==b[j]) j++;
        next[i] =j;
    }
}

void kmp(int x,int y){
    for(int i=0,j=0;i<m;i++){          //查看 0～m-1 个凳子中是否有满足的解
        while(j && a[x][i] !=b[j]-y) j =next[j-1];
                                        //如果到位置 j 不能匹配,则退回到下一个位置
        if(a[x][i] ==b[j] -y) j++;      //如果凳子的高度+调整空间等于第 j 个人所需高
                                        //度,则继续匹配后面的人
        if(j==s) ans++;                 //如果连续匹配 s 个人,可得一个解
    }
}

int main(){
    ans=0;
    cin>>n>>m>>s;
    for(int i=0;i<n;i++)cin>>a[i];     //输入 n*m 个板凳的高度
    cin>>b;                             //输入 s 个人的高度
```

```
int mb=9;
for(int i=0;i<s;i++){
    b[i]=9-(b[i]-'0')+'0';              //第i个人达到9所需凳子的高度
    mb=min(mb,b[i]-'0');        //记录最高的人达到9所需凳子的高度,即所有人员的可调
                                        //整空间
}
get_next();                             //计算next数组
for(int i=0;i<=mb;i++){                 //调整空间从0到mb
    for(int j=0;j<n;j++) {              //查看每行凳子的情况
        kmp(j,i);                       //查找在可调整空间为i的情况下,是否有满足的解
    }
}
cout<<ans<<"\n";
return 0;
}
```

◇ 习　　题

1. 给定一个长度为奇数的二进制串 S，如果 S_i 为 1 表示 Alice 得分 $+1$，S_i 为 0 表示 Bob 得分 $+1$，得分高者获胜。

输入：一个长度为奇数的二进制串（$1 \leqslant |S| \leqslant 1000$）。

输出：如果 Alice 获胜输出"Alice"，否则输出"Bob"。

2. 输入一个字符串，只包含小写英文字母，输出该字符串是否为回文串。（回文串是指顺读和倒读都一样的字符串，如 abcba，abba，a。）

输入：

第一行为一个整数 n，表示字符串长度（$1 \leqslant n \leqslant 10\ 000$）

第二行为长度为 n 的字符串。

输出：

如果是回文输出"YES"，否则输出"NO"。

3. 将一个仅由小写字母构成的字符串 s（下标从 0 开始），修改为仅由一种字符构成。

修改操作为选择一个位置 i，将 s_i 修改为任意字符，i 为奇数时代价为 1，i 为偶数时代价为 2。

求最小的代价为多少。

输入：第一行为一个整数 n，表示字符串的长度。第二行为长度为 s 的字符串。（$1 \leqslant n \leqslant 1000$）

输出：一个整数，表示最小的代价。

4. 给定字符串 A，B，如果 A 中出现 B 达到 C 次及以上，则输出"YES"，否则输出"NO"。

输入：第一行为字符串 A，第二行为字符串 B（A 和 B 的长度小于或等于 100），第三行为一个整数 C（$0 \leqslant C \leqslant 15$）。

输出："YES"或"NO"。

5. 求对于仅包含 A，G，C，T 4 种字符的字符串 S，其密码为长度为 L 的所有子串中，在

S 中出现的最多次数。

输入：第一行为字符串 $S(1 \leqslant |S| \leqslant 5 \times 10^6)$，第二行为一个整数 $L(1 \leqslant L \leqslant 10)$。

输出：出现的最多次数。

6. 按长度递增顺序输出字符串中既是前缀又是后缀的子串长度。

输入：输入若干行，每行一个字符串(保证所有字符串总长 $\leqslant 4 \times 10^6$)。

输出：每行输出若干整数。

样例：

输入：

```
abccababababcabab
aaaaa
```

输出：

```
2 4 9 18
1 2 3 4 5
```

7. 统计字符串 B 在字符串 A 中出现的次数。

输入：第一行为字符串 A，第二行为字符串 B。字符串 A 和 B 的长度均小于 1×10^6，且均为大写字母或小写字母。

输出：一个整数。

8. 输入一个字符串，输出字符串中最长的回文子串的长度。

例如，"babad"的子串有 b，a，d，ba，ad，ab，bab，aba，bad，baba，abad，最长回文子串为 bab 和 aba，长度为 3。

输入：第一行为一个整数 n，表示字符串长度($1 \leqslant n \leqslant 1000$)，第二行为长度为 n 的字符串。

输出：字符串中最长的回文子串的长度。

9. 对一个长度为 n，元素为 $X_0 X_1 X_2 \cdots X_i \cdots X_{n-1}$ 的字符串 X 不断重复生成一个为 $XX \cdots X \cdots X X_0 X_1 \cdots X_i (0 \leqslant i < n)$ 的字符串 Y。

例如，abc 可生成 abcabc，abcabca，abcabcab，abcabcabc⋯

现在给定字符串 Y，求可生成 Y 的 X 的最小长度。

输入：第一行为一个整数 $n(2 \leqslant n \leqslant 2 \times 10^5)$，第二行为仅由小写字母组成的长度为 n 的字符串。

输出：一个整数，表示 X 的最小长度。

样例：

输入：

```
6
abcabc
```

输出：

```
3
```

10. 对于一个下标从 1 开始，长度为 n 的字符串 s，分别删掉 $s_i(1 \leqslant i < n)$ 得到字符串 P_i，对 P_i 从小到大进行排序（按字典序，如果字典序相同，i 值小的在前）。

输入：第一行为一个整数 n，第二行为长度为 n 的字符串 $s(1 \leqslant n \leqslant 1 \times 10^6)$。

输出：用空格分隔 n 个整数，输出排序后对应 P_i 的下标。

样例：

输入：

```
7
aabaaab
```

输出：

```
3 7 4 5 6 1 2
```

第6章

数组和广义表

数组(Array)和广义表(Lists)是非常常见的两种数据存储结构,其中,一维数组可以看作一个线性表,多维数组和广义表可以看作线性表的推广。

◇ 6.1 数组的基本概念

数组是很多程序设计语言中常见的存储一组相同类型数据的结构。数组中的数据称为数组元素,简称元素。从逻辑结构上来讲,数组是有限个相同类型数据的有序集合,数组中的元素顺序存放在一段连续的内存空间里面。

6.1.1 数组的定义

一维数组可以直接看作一个线性表,可记为

$$A = (a_1, a_2, \cdots, a_i, \cdots, a_n)$$

其中,i 是存储的元素的序号,a_i 为数组的第 i 个元素,$1 \leqslant i \leqslant n$。

二维数组,可以记为

$$A = \begin{pmatrix} a_{11} & a_{12} & \cdots & a_{1n} \\ a_{21} & a_{22} & \cdots & a_{2n} \\ \vdots & \vdots & \ddots & \vdots \\ a_{m1} & a_{m2} & \cdots & a_{mn} \end{pmatrix}$$

或简单记为

$$A = (a_{ij})_{m \times n} \quad 1 \leqslant i \leqslant m, 1 \leqslant j \leqslant n$$

一般称上面的二维数组为 m 行 n 列的二维数组 A,a_{ij} 为该数组第 i 行第 j 列的元素。如果将二维数组中每一列看成一个数据,二维数组可以记为 $A = (A_1, A_2, \cdots, A_n)$,那么 A 依然可以看成一个线性表,而其中的每个 $A_i = (a_{1i}, a_{2i}, \cdots, a_{mi})$ 本身就是一个线性表,所以可以将二维数组看作一个线性表的线性表。同理,如果将二维数组中每一行看成一个数据,二维数组可以记为 $A = (A_1, A_2, \cdots, A_m)$,而其中的每个 $A_i = (a_{i1}, a_{i2}, \cdots, a_{in})$ 本身也是一个线性表,同样可以认为二维数组是一个线性表的线性表。因此可以将二维数组看作一个线性表的推广。

6.1.2 数组的基本操作

因为数组可以用下标直接描述每个元素在数组中的存储位置,所以可以利用下标直接找到对应的元素,并进行操作,所以数组是一种随机存储结构。从数据结构的角度来看,因为一个数组实例中元素的个数是固定的,所以一般只对数组进行存(写)数据和取(读)数据操作。

```
int a[6]={1,2,3,4,5,6},i,x;
//存(写)数据操作:对于给定的数组下标,存储一个数据到该下标指定的元素中
a[2]=9;
i=3;
cin>>a[i];
//取(读)数据操作:对于给定的数组下标,获取该下标指定元素的值
x=a[2]+a[5];
cout<<a[i];
```

◇ 6.2   数组的存储结构与抽象数据类型描述

由于数组是连续存储的,因此可以通过下标直接定位到指定元素。

对于一个一维数组 $A=(a_1,a_2,\cdots,a_i,\cdots,a_n)$,假设已知元素 a_1 的存储地址,记作

$$\text{Location}(a_1)$$

并设每一个元素在内存中所占空间的大小为 l 个存储单元,则对于数组中的任意一个元素 a_i,其前面存放了 $i-1$ 个存储长度为 l 的元素 $(a_1,a_2,\cdots,a_{i-1})$,所以元素 a_i 的存储地址为

$$\text{Location}(a_i)=\text{Location}(a_1)+(i-1)\times l,\quad 1\leqslant i\leqslant n$$

其存储形式及存储位置计算如图 6.1 所示。

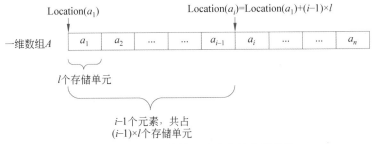

图 6.1   一维数组存储形式及存储位置计算

对于二维数组 $A=(a_{ij})_{m\times n},1\leqslant i\leqslant m,1\leqslant j\leqslant n$,可采用两种不同的存储方式,一种是行优先的方式,另一种是列优先的方式。

- 行优先方式:以行号从小到大的顺序依次存放各行的所有元素。
- 列优先方式:以列号从小到大的顺序依次存放各列的所有元素。

在 C/C++ 环境下,采用的是行优先的方式。所以,对于一个 m 行 n 列的二维数组来讲,其元素逻辑位置如图 6.2 所示,则其行优先存储形式如图 6.3 所示。

从图 6.3 可知,一个二维数组在内存中的实际存储方式依然是线性的,所以,假设已知元素 a_{11} 的存储地址(一般称为数组的首地址或基地址),记作

$$\text{Location}(a_{11})$$

并设每一个元素在内存中所占空间的大小为 l 个存储单元,则对于二维数组中的任意一个

图 6.2　二维数组元素逻辑位置

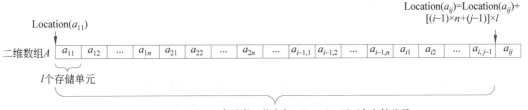

图 6.3　二维数组行优先存储形式

元素 a_{ij}，其前面已经存放了前 $i-1$ 行的所有元素及第 i 行的前 $j-1$ 个元素（a_{11}，$\cdots$，a_{1n}，$\cdots$，$a_{i-1,1}$，$\cdots$，$a_{i-1,n}$，$\cdots$，a_{i1}，$\cdots$，$a_{i,j-1}$），所以元素 a_{ij} 的存储地址为

$$\mathrm{Location}(a_{ij}) = \mathrm{Location}(a_{11}) + [(i-1) \times n + (j-1)] \times l \quad 1 \leqslant i \leqslant m, 1 \leqslant j \leqslant n$$

如图 6.4 所示。

$$\mathrm{Location}(a_{ij}) = \mathrm{Location}(a_{ij}) + [(i-1) \times n + (j-1)] \times l$$

$(i-1) \times n + (j-1)$ 个元素，共占 $[(i-1) \times n + (j-1)] \times l$ 个存储单元

图 6.4　二维数组行优先存储位置计算

　　通过对一维数组和二维数组的存储方式的了解，不难推广出多维数组的存储形式及对应存储位置的计算方法。值得注意的是，对于 n 维数组，一般按维度编号 $1 \sim n$ 从小到大变化的顺序存储，或者按从大到小变化的顺序存储。

　　数组的抽象数据类型定义如下。

```
ADT Array{
    数据对象：j_i=0,1,…,b_i-1;
            i=1,2,…,n
            D={a_{j_1,j_2,…,j_n} |n>0 称为数组的维数，b_i 是数组第 i 维的长度，
                j_i 是数组元素第 i 维的下标，a_{j_1,j_2,…,j_n}∈Elemset}
    数据关系：R={R_1,R_2,…,R_n}
            R_i={<a_{j_1,…,j_i,…,j_n},a_{j_1,…,j_{i+1},…,j_n}> |0≤j_k≤b_k-1,1≤k≤n,且 k≠i,
                0≤j_i≤b_i-2,a_{j_1,…,j_{i+1},…,j_n}∈D,i=2,3,…,n}
    基本操作：
        InitArray(&a,n,bound1,bound2,…,boundn)
            初始化数组：用给定的维数和各维度的大小构造数组 a。
        DestoryArray(&a)
```

> 销毁数组: 销毁指定的数组 a。
> GetValue(a, &e, index1, index2, ⋯, indexn)
> 　读操作: 根据给定的各维下标值获取数组 a 中对应元素的值给变量 e。
> Assign(&a, e, index1, index2, ⋯, indexn)
> 　写操作: 将变量 e 的值赋值给数组 a 中给定各维下标的对应元素。
> } ADT Array

从上面描述的数组的抽象类型描述,可以看到在每个关系中,数组元素 $a_{j1}, \cdots, a_{ji}, \cdots,$ $a_{jn}(0 \leqslant j_i \leqslant b_i - 2)$ 都有唯一的直接后继,所以,从 R_i 的角度看,这 n 个关系是线性的,即可以看作一个线性表。当 $n=1$ 时,数组退化为一维数组即为一个定长的线性表,所以 n 维数组依然可以看成一个线性表的推广。

对于 n 维数组,其基于 C/C++ 语言的顺序存储的基本表示如下。

```
typedef struct
{
    Elemtype * ArrayBaseAddr;        //数组的首地址(基地址)
    int Dimention;                   //数组的维数
    int * Bounds                     //数组每一维的大小
}Array;
```

◆ 6.3 特殊矩阵的压缩存储

在很多的科学与工程领域中,矩阵是处理数据时最常用的数据存储方式,如线性方程组的增广矩阵等。而矩阵中的每个数据是用行号(行下标)和列号(列下标)来确定其存储位置,所以,在众多的程序设计语言中,二维数组正好可以很好地描述一个矩阵。一般地,如在 C/C++ 语言中,二维数组的第一维用于表示矩阵的行下标,第二维用于表示矩阵的列下标。

在很多领域的实际应用中,二维的高阶矩阵处理是很频繁的。在高阶矩阵中,经常会出现一些很特殊的情况,例如,在方阵(行列数相同)中,矩阵的元素有一定的对称性,或者矩阵元素集中在特定的位置,或者矩阵中出现了大量值相同的元素。根据矩阵元素的分布情况,常见的特殊矩阵有对称矩阵、三角矩阵和对角矩阵。

这些矩阵如果仍然按常规的二维数组进行存储,则可能需要存储大量的相同元素或者 0 元素,造成存储空间的浪费。

6.3.1 对称矩阵

如果一个 n 阶方阵 $A = (a_{ij})_{n \times n}, 1 \leqslant i, j \leqslant n$,方阵中的元素满足

$$a_{ij} = a_{ji}, \quad 1 \leqslant i, j \leqslant n \text{ 且 } i \neq j$$

则称矩阵 A 为对称矩阵。图 6.5 给出了一个 5 阶对称矩阵的实例。

$$A = \begin{pmatrix} 4 & 7 & 3 & 2 & 0 \\ 7 & 6 & 5 & 1 & 9 \\ 3 & 5 & 0 & 8 & 6 \\ 2 & 1 & 8 & 3 & 1 \\ 0 & 9 & 6 & 1 & 2 \end{pmatrix}$$

图 6.5　5 阶对称矩阵实例

针对对称矩阵,只需存储矩阵的左下三角区域(含主对角线)的元素,如图 6.6 所示;或者只存储右上三角(含主对角线)的元素。另一半的元素因为矩阵的对称性,可以通过交换已存储元素的行列下标直接获得。下面将基于存储左下三角区域(含主对角线)的元素进行讨论。

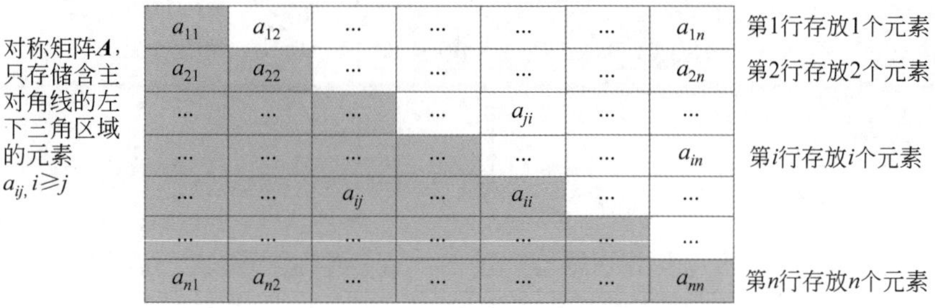

图 6.6　对称矩阵左下三角区域需存放的数据

为避免空间浪费,对角矩阵不需要再使用二维数组来进行存储。由图 6.6 可知,对于一个 n 阶的对称矩阵,需要存储的元素个数为

$$1+2+\cdots+(n-1)+n=\frac{n(n+1)}{2}$$

所以,考虑可以使用一维数组按照行优先的顺序来存放对称矩阵左下三角区域的所有元素,设数组 $\text{Array}[0\cdots n(n+1)/2-1]$,则可以将对称矩阵中需要存储的元素存放在该数组里面,如图 6.7 所示。

图 6.7　对称矩阵的压缩存储

下面来分析对于对称矩阵 $\mathbf{A}$ 需要存储的元素 $a_{ij}(i\geqslant j)$ 存储在一维数组 Array 中对应位置的下标 k。

如图 6.8 所示,可以知道从 a_{11} 开始到 a_{ij} 需要存储的元素个数为

$$1+2+\cdots+(i-1)+j=\frac{i(i-1)}{2}+j$$

因为一维数组 Array 的下标从 0 开始,所以矩阵元素 a_{ij} 存储在一维数组 Array 中对应位置的下标为

$$k=\frac{i(i-1)}{2}+j-1,\quad i\geqslant j$$

对于矩阵中不需要直接存储的元素 $a_{ij}(i<j)$,因为其值和元素 a_{ji} 的值是相等的,而元素 a_{ji} 存储在一维数组 Array 中,其下标为

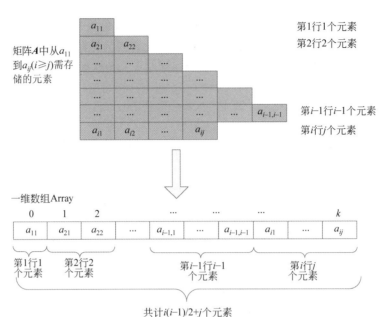

图 6.8 对称矩阵压缩存储的下标映射

$$k = \frac{j(j-1)}{2} + i - 1, \quad i < j$$

其对应元素即为 $a_{ij}(i<j)$ 的值。

综上所述,对于一个 n 阶对称矩阵 $\boldsymbol{A} = (a_{ij})_{n \times n}$,将其下三角区域的元素按行优先的顺序存放到一维数组 Array 中后,矩阵中任意元素 a_{ij} 的行列下标 (i,j) 与对应一维数组元素 Array[k] 的下标 k 有以下对应关系。

$$k = \begin{cases} \dfrac{i(i-1)}{2} + j - 1, & i \geqslant j \\[3mm] \dfrac{j(j-1)}{2} + i - 1, & i < j \end{cases} \quad (1 \leqslant i, j \leqslant n)$$

对于 n^2 个元素对称矩阵,可以只使用 $n(n+1)/2$ 个元素的存储空间,空间利用效率得到了很大的提升。

对于只存储上三角元素的存储方法,读者可以同理推出相应的下标转换公式。

6.3.2 三角矩阵

三角矩阵

一个 n 阶方阵 $\boldsymbol{A} = (a_{ij})_{n \times n}$, $1 \leqslant i, j \leqslant n$,如果方阵中的元素满足 $a_{ij} = c(1 \leqslant i, j \leqslant n \ 且 \ i < j)$ 或者满足 $a_{ij} = c(1 \leqslant i, j \leqslant n \ 且 \ i > j)$,其中,$c$ 是一个常数,则称矩阵 $\boldsymbol{A}$ 为三角矩阵。图 6.9 给出了两个 5 阶三角矩阵的实例,其中,$\boldsymbol{A}$ 为下三角矩阵,$\boldsymbol{B}$ 为上三角矩阵。

$$\boldsymbol{A} = \begin{pmatrix} 4 & 0 & 0 & 0 & 0 \\ 7 & 6 & 0 & 0 & 0 \\ 3 & 5 & 0 & 0 & 0 \\ 2 & 1 & 8 & 3 & 0 \\ 0 & 9 & 6 & 1 & 2 \end{pmatrix} \quad \boldsymbol{B} = \begin{pmatrix} 4 & 7 & 3 & 2 & 0 \\ 9 & 6 & 5 & 1 & 9 \\ 9 & 9 & 0 & 8 & 6 \\ 9 & 9 & 9 & 3 & 1 \\ 9 & 9 & 9 & 9 & 2 \end{pmatrix}$$

图 6.9 5 阶三角矩阵实例

从图 6.9 可以看出,针对下三角矩阵,在存储矩阵的下三角区域(含主对角线)的元素的基础上再存储常数 c 即可;同理,针对上三角矩阵,在存储矩阵的上三角区域(含主对角线)的元素的基础上再存储常数 c 即可。下面将基于存储下三角矩阵的元素进行讨论。

根据对称矩阵的存储思路,可以使用一维数组按照行优先的顺序来存放下三角矩阵的所有元素值,设数组 Array$[0..n(n+1)/2]$,其中,下标从 0 到 $n(n+1)/2-1$ 的元素依次存放下三角矩阵(含对角线)的所有元素,再将常数 c 存放在 $n(n+1)/2$ 位置,如图 6.10 所示。

图 6.10　下三角矩阵的压缩存储

由此不难得出,对于一个 n 阶下三角矩阵 $\boldsymbol{A}=(a_{ij})_{n\times n}$,将其元素按行优先的顺序压缩存放到一维数组 Array 中,矩阵任意元素 a_{ij} 的行列下标 (i,j) 与对应一维数组元素 Array$[k]$ 的下标 k 有以下对应关系。

$$k=\begin{cases}\dfrac{i(i-1)}{2}+j-1, & i\geqslant j \\ \dfrac{n(n+1)}{2}, & i<j\end{cases}\qquad(1\leqslant i,j\leqslant n)$$

同理可求得,对于一个 n 阶上三角矩阵 $\boldsymbol{A}=(a_{ij})_{n\times n}$,将其元素按行优先的顺序压缩存放到一维数组 Array 中,a_{ij} 的行列下标 (i,j) 与对应一维数组元素 Array$[k]$ 的下标 k 有以下对应关系。

$$k=\begin{cases}\dfrac{(2n-i+2)(i-1)}{2}+j-i, & i\leqslant j \\ \dfrac{n(n+1)}{2}, & i>j\end{cases}\qquad(1\leqslant i,j\leqslant n)$$

6.3.3　对角矩阵

一个 n 阶方阵 $\boldsymbol{A}=(a_{ij})_{n\times n},1\leqslant i,j\leqslant n$,如果方阵中除了主对角线及以主对角线为轴的上下带状区域的元素之外,其他元素的值都为 0(称为零元素),则称矩阵 $\boldsymbol{A}$ 为对角矩阵。图 6.11 给出了一个 5 阶对角矩阵的实例。

$$\boldsymbol{A}=\begin{pmatrix}4 & 2 & 0 & 0 & 0 \\ 7 & 6 & 3 & 0 & 0 \\ 0 & 5 & 0 & 7 & 0 \\ 0 & 0 & 8 & 3 & 9 \\ 0 & 0 & 0 & 1 & 2\end{pmatrix}$$

图 6.11　5 阶对角矩阵实例

为方便讨论,假设带状区域的宽度是 3,即包含主对角线及主对角线上下 1 线的元素,如图 6.12 所示。

图 6.12 对角矩阵需存放的数据

不难计算出,对角矩阵需要存储的元素个数为 $2+3\times(n-2)+2=3n-2$。考虑可以使用一维数组按照行优先的顺序来存放对角矩阵的所有元素值,设数组 Array$[0..3n-3]$,则可以存储对角矩阵中需要存储的元素,如图 6.13 所示。

一维数组Array

0	1	2	3	4	5	...	...	...	3n−3
a_{11}	a_{21}	a_{21}	a_{22}	a_{23}	a_{32}	a_{33}	a_{34}	...	$a_{n-1,n-2}$	$a_{n-1,n-1}$	$a_{n-1,n}$	$a_{n,n-1}$	$a_{n-1,n}$

第1行2个元素　第2行3个元素　第3行3个元素　　第n−1行3个元素　第n行2个元素

共计3n−2个元素

图 6.13 对角矩阵的压缩存储

由此不难得出,对于一个 n 阶下对角矩阵 $\boldsymbol{A}=(a_{ij})_{n\times n}$,带状区域的宽度是 3,将其非零元素按行优先的顺序压缩存放到一维数组 Array 中,a_{ij} 的行列下标 (i,j) 与对应一维数组元素 Array$[k]$ 的下标 k 有以下对应关系:

$$k=2i+j-3,\quad 1\leqslant i,j\leqslant n$$

对于一个 n 阶下对角矩阵 $\boldsymbol{A}=(a_{ij})_{n\times n}$,如果带状区域的宽度包含主对角线元素及主对角线上下 b 线的元素,也可以用一维数组进行压缩存储。

◆ 6.4 稀疏矩阵的压缩存储

在实际应用中,还存在存储大量的零元素的矩阵,并且这些零元素的分布是没有规律的。当这样的矩阵中的零元素数量达到一定程度时称为稀疏矩阵(Sparse Matrix)。图 6.14 给出一个稀疏矩阵的实例。

$$\boldsymbol{A}=\begin{pmatrix} 0 & 3 & 0 & 0 & 0 & 0 & 2 & 0 & 0 \\ 0 & 0 & 0 & 0 & 0 & 0 & 0 & 0 & 0 \\ 0 & 0 & 0 & 7 & 0 & 0 & 0 & 0 & 0 \\ 0 & 0 & 8 & 0 & 0 & 0 & 0 & 0 & 0 \\ 0 & 0 & 0 & 0 & 0 & 0 & 0 & 0 & 0 \\ 0 & 0 & 0 & 0 & 0 & 0 & 0 & 6 & 0 \\ 0 & 0 & 0 & 0 & 0 & 0 & 0 & 0 & 0 \\ 0 & 0 & 4 & 0 & 0 & 0 & 0 & 0 & 0 \end{pmatrix}$$

图 6.14 稀疏矩阵实例

零元素多到多大程度就可以确定为稀疏矩阵的问题目前在学界还没有一个确切的定义。一般来说,对于一个矩阵 $A=(a_{ij})_{m \times n}, 1 \leqslant i \leqslant m, 1 \leqslant j \leqslant n$,设其中非零元素的个数为 τ,则可以定义一个稀疏因子:

$$\delta = \frac{\tau}{m \times n}$$

当 $\delta \leqslant 0.05$ 时,可以称该矩阵为稀疏矩阵。

显然,对于稀疏矩阵只需存储少量的非零元素即可。常见的用于稀疏矩阵存储的方法有基于顺序存储的三元组顺序表和基于链式存储的十字链表。

6.4.1 稀疏矩阵的顺序存储结构——三元组顺序表

稀疏矩阵中仅需要存储少量的非零元素,由于这些非零元素在矩阵中的分布是没有规律的,所以在存储矩阵非零元素值的同时,还需要存储该非零元素对应在矩阵中的行下标值和列下标值,也就是对于每一个非零元素 a_{ij},需存储一个三元组:

$$(i, j, a_{ij})$$

对于如图 6.14 所示的稀疏矩阵,矩阵中有 6 个非零元素,所以需要有 6 个三元组来存储,如图 6.15 所示。

$$A = \begin{pmatrix} 0 & 3 & 0 & 0 & 0 & 0 & 2 & 0 & 0 \\ 0 & 0 & 0 & 0 & 0 & 0 & 0 & 0 & 0 \\ 0 & 0 & 0 & 7 & 0 & 0 & 0 & 0 & 0 \\ 0 & 0 & 8 & 0 & 0 & 0 & 0 & 0 & 0 \\ 0 & 0 & 0 & 0 & 0 & 0 & 0 & 0 & 0 \\ 0 & 0 & 0 & 0 & 0 & 0 & 0 & 6 & 0 \\ 0 & 0 & 0 & 0 & 0 & 0 & 0 & 0 & 0 \\ 0 & 0 & 4 & 0 & 0 & 0 & 0 & 0 & 0 \end{pmatrix} \quad \text{三元组:} \begin{cases} (1,2,3) \\ (1,7,2) \\ (3,4,7) \\ (4,3,8) \\ (6,8,6) \\ (8,3,4) \end{cases}$$

图 6.15 稀疏矩阵非零元素三元组表示示例

以 C/C++ 作为语言基础,可以定义一个三元组的数据结构如下。

```
//三元组定义
typedef struct
{
    int r;              //元素的行下标
    int c;              //元素的列下标
    ElemType d;         //元素值
} TupNode;
```

将一个稀疏矩阵的所有三元组按照行优先的方式并以顺序存储结构进行存储,即可得到一个顺序表,称为三元组顺序表。三元组顺序表除了存储所有的三元组之外,还应该存储稀疏矩阵的一些基本信息,如矩阵的大小等。可以定义一个三元组顺序表的数据结构如下。

```
//三元组顺序表定义
typedef struct
{
```

```
    int rows;                        //矩阵总行数
    int cols;                        //矩阵总列数
    int nums;                        //矩阵非零元素个数
    TupNode data[MaxSize];           //存储所有三元组的数组
} TSMatrix;
```

根据上述三元组结构和三元组顺序表结构的定义，可以得到如图 6.15 所示稀疏矩阵的所有三元组形成的三元组顺序表如图 6.16 所示。

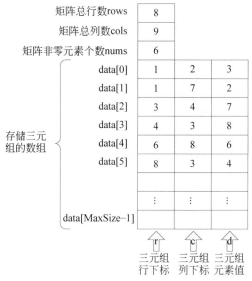

图 6.16　稀疏矩阵三元组顺序表示例

基于三元组顺序表定义，可以对稀疏矩阵进行有效的压缩存储。下面给出将二维数组形式存储的矩阵转换生成三元组顺序表的例子。三元组及三元组顺序表的结构按前文的定义。

```
//生成三元组顺序表
void CreatMat(TSMatrix &t,ElemType A[M][N])
{
    t.rows=M;                        //存储矩阵总行数
    t.cols=N;                        //存储矩阵总列数
    t.nums=0;                        //初始化矩阵非零元素个数
    for(int i=0; i<M; i++)           //按行优先的顺序依次访问所有矩阵元素
    for(int j=0; j<N; j++)
        if(A[i][j]!=0)               //判断是否为非零元素
        {
            t.data[t.nums].r=i;      //存储非零元素行下标
            t.data[t.nums].c=j;      //存储非零元素列下标
            t.data[t.nums].d=A[i][j]; //存储非零元素值
            t.nums++;                //每存储一个非零元素,非零元素个数加 1
        }
}
```

6.4.2 稀疏矩阵的链式存储结构——十字链表

在实际应用中,稀疏矩阵可能会因为频繁操作,使得非零元素的个数变化很大,如矩阵中会有较多的元素由零元素转变成非零元素,或者较多的非零元素转变成零元素,此时操作三元组顺序表来实现可能出现大量的三元组元素的移动。三元组顺序表是顺序存储结构,对于大量数据移动的处理效率是不高的。

图 6.17　非零元素数据结点结构

下面介绍链式存储来处理稀疏矩阵。先设计数据结点以存储稀疏矩阵中非零元素的相关数据(行下标,列下标,元素值),同时设计两个指针,一个指针用于指向同行的下一个非零元素结点,另一个指针用于指向同列的下一个非零元素结点。由此可以设计出如图 6.17 所示的非零元素数据结点结构。

通过 C/C++ 语言可以定义该数据结构为

```
//非零元素数据结点结构
typedef struct OLNode
{
    int Row;                    //非零元素行下标
    int Col;                    //非零元素列下标
    elemtype Data;              //非零元素值
    struct OLNode * Down;       //指向下一个同列的非零元素
    struct OLNode * Right;      //指向下一个同行的非零元素
};
```

可以从上面的数据结构看到,对于稀疏矩阵的每一个非零元素通过 Right 指针和自己同行的所有非零元素形成一个链表,称为行链表,同时又通过 Down 指针和自己同列的所有非零元素形成一个链表,称为列链表。所有的行链表和列链表交织在一起,形成了一个十字形的交叉链表,称为十字链表(Orthogonal List)。

根据链式存储的一般方法,考虑给每个行链表和列链表都设计一个头结点,称为行链表头结点和列链表头结点,它们的数据结构可以采用非零元素的数据结点结构。行链表头结点只使用结构中的 Right 指针,用于指向所在行的第一个非零元素数据结点;所有行链表头结点可以用顺序表的结构(数组)进行存储。同理,列链表头结点只使用结构中的 Down 指针,用于指向所在列的第一个非零元素数据结点;所有列链表头结点可以用顺序表的结构(数组)进行存储。当然,上述所有的链表可以使用单链表,也可以使用循环链表。

特别地,可以给一个十字链表专门设计一个十字链表的头结点,用于存储稀疏矩阵的其他相关数据,其结构可用 C/C++ 语言定义如下,如图 6.18 所示。

```
//十字链表头结点结构
typedef struct OrthogonalList
{
    int RowNum;                 //稀疏矩阵的总行数
    int ColNum;                 //稀疏矩阵的总列数
    elemtype DataNum;           //稀疏矩阵的非零元素个数
    struct OLNode * ColHead;    //指向第一个列链表头结点
```

```
    struct OLNode * RowHead;                    //指向第一个行链表头结点
};
```

RowNum	ColNum	DataNum
ColHead		RowHead

图 6.18　十字链表头结点结构

根据上面的描述，图 6.19 显示了一个稀疏矩阵的十字链表结构的表示。

$$A = \begin{pmatrix} 0 & 0 & 3 & 0 & 0 \\ 1 & 0 & 0 & 0 & 0 \\ 0 & 5 & 0 & 0 & 6 \\ 0 & 0 & 0 & 0 & 0 \\ 0 & 0 & 6 & 0 & 0 \\ 3 & 0 & 0 & 0 & 0 \end{pmatrix}$$

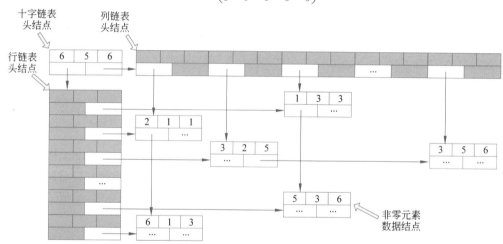

图 6.19　稀疏矩阵的十字链表结构表示示例

◆ 6.5　广　义　表

6.5.1　广义表的定义和基本运算

广义表（Lists）又称为列表，它被看作线性表的一种推广。在前面的知识中已经讲到了线性表的定义，其定义为 n 个元素的有穷序列 $(a_1, a_2, \cdots, a_i, \cdots, a_n)$，该序列中所有的元素应具有相同的数据类型，如同一类型的数或同一结构的数据，称为原子项，即意味着在结构上不能再进一步细分。如果在线性表的基础上，允许表中的元素除了可以是原子项以外还可以是一个和自身一样的结构，那就是一个广义表。所以广义表的定义如下。

广义表是有 n 个元素的有穷序列，记作 $LS = (a_1, a_2, \cdots, a_i, \cdots, a_n)$，$n \geqslant 0$，其中，$a_i$ 可以是一个原子项，称为原子；也可以是一个广义表，称为子表。一般在书写的时候广义表的原子使用小写字母，子表使用大写字母。

对于一个非空的广义表,还有以下几个常用的概念。

- 表头:指广义表的一个元素 a_1。
- 表尾:指除了表头元素以外的其他元素组成的广义表 $(a_2, \cdots, a_i, \cdots, a_n)$。
- 长度:指广义表中包含的原子及子表个数。
- 深度:指广义表中括号的最大层数。

例:根据以上广义表的定义来分析下列广义表。

$A()$ 是空表,长度为 0,深度为 0,因为是空表所以没有表头和表尾。

$B(a, b)$ 有两个原子,长度为 2,深度为 1,表头是原子 a,表尾是广义表 (b)。

$C(c, d, (e, f))$ 有两个原子和一个子表,长度是 3,深度是 2,表头是原子 c,表尾是广义表 $(d, (e, f))$。

$D(C, g)$ 有一个子表和一个原子,长度是 2,深度是 3,表头是子表 C,表尾是广义表 (g)。

$E(B, h, D)$ 有两个子表和一个原子,长度是 3,深度是 4,表头是子表 B,表尾是广义表 (h, D)。

$F(())$ 不是空表,是有一个子表 $()$ 的广义表,长度为 1,深度为 2,表头是子表 $()$,表尾因为除了第 1 项外没有其他项,所以也是广义表 $()$。

不难看出,广义表实质上是一个层次结构,如上例中的广义表 $E(B, h, D)$ 有如图 6.20 所示的层次图。

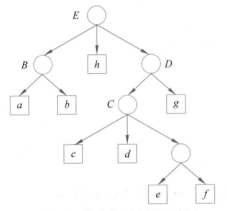

图 6.20　广义表的层次图示例

图 6.21　广义表的原子结点结构和表结点结构

6.5.2　广义表的存储

广义表一般使用链式存储结构进行存储。因为广义表的元素可能是原子也可能是子表,所以定义广义表的数据结点的时候要分开考虑,也就是要定义两种数据结点:一种是原子结点,用于存放原子项;另一种是表结点,用于存放子表项。

对于原子结点,因为是存放原子项,已经不可再分,所以可以只存储原子项的数据,并设定一个标志域以区分是原子还是子表。

对于表结点,因为存放的是广义表,所以除了要设定一个标志域来区分是原子还是子表外,再定义两个指针域,一个用于指向表头,另一种用于指向表尾。

原子结点和表结点的结构如图 6.21 所示。

利用 C/C++ 语言中的联合体 union,可以将原子结点结构和表结构定义在一起,代码如下。

```
//广义表数据结构
typedef struct LSNode
{
    int Tag;                            //标志域,0 表示原子结点,1 表示表结点
    union LSData
    {
        elemtype Value;                 //原子结点的数据值
        struct Ptr
        {
            struct LSNode * HeadPtr;     //表结点指向表头的指针
            struct LSNode * TailPtr;     //表结点指向表尾的指针
        }
    }
}
```

根据以上广义表存储的数据结构定义,可以得到上例中广义表 $E(B,h,D)$ 的存储结构示意图,如图 6.22 所示。

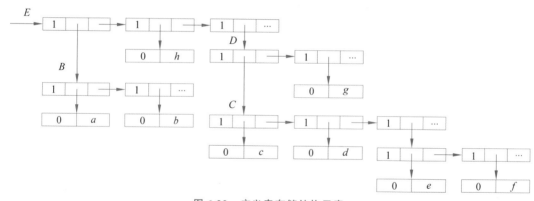

图 6.22 广义表存储结构示意

以上仅是广义表的一种存储数据结构,虽然求广义表的长度、深度及搜索表头表尾比较方便,但结点太多,容易造成较大的空间消耗,所以在实际应用中往往会根据情况对结构做出相应调整。

◇ 6.6 能力拓展

三元表矩阵转置

问题:利用三元表完成矩阵转置。此操作需注意的是转置矩阵的三元组表也应该是按照行优先的顺序存储。

```
///矩阵转置
void TranMat(TSMatrix t,TSMatrix &tb)
{
    int i,j,k=0;
    tb.rows=t.cols;                     //转置矩阵的总行数=原矩阵的总列数
```

```
    tb.cols=t.rows;                    //转置矩阵的总列数=原矩阵的总行数
    tb.nums=t.nums;                    //转置矩阵的非零元素个数=原矩阵的非零元素个数
    if(t.nums!=0)
    { //在原矩阵的三元组表中按列优先搜索
      for(i=0; i<t.cols; i++)          //确定一个原矩阵的列号
        for(j=0; j<t.nums; j++)        //再搜索所有确定列号的行
          if(t.data[j].c==i)
          {
              tb.data[k].r=t.data[j].c;
              tb.data[k].c=t.data[j].r;
              tb.data[k].d=t.data[j].d;
              k++;
          }
      }
}
```

◇ 习　题

1. 意义不明的字符串。

小 z 收到了一个仅包含小写英文字母的字符串 s，他想知道 s 中每个字母的出现次数，并按字典序输出。

输入：

一行，一个字符串 s。

输出：

若干行，每行一个字母和一个数字 t 用空格分隔，表示该字母在字符串中出现了 t 次。

2. 奇怪的小 z。

小 z 看字符串喜欢从中间往两边看，先看最中间的字符，然后往左边看一个，再往右边看一个。

例如，lpape 在小 z 眼中就变成了 apple。

现在给出一个字符串 s，请你输出小 z 看到的字符串。

输入：

一行，一个仅由小写英文字母组成的字符串 s。

输出：

一行，小 z 所看到的字符串。

3. 错误的斐波那契数列。

小 z 发现了一个数列，它的每一项 $a_i = a_{i-1} + a_{i-2} + a_{i-3}$。现在小 z 知道这个数列的前三项，他想知道第 n 项是多少。

由于答案可能很大，请输出答案对 $10^9 + 7$ 取模后的值。

输入：

第一行三个整数，表示这个数列的前三项。第二行一个正整数 q，表示有 q 次询问。接下来 q 行，每行一个正整数 n_i，表示询问该数列第 n_i 项的值。

输出：

q 行,每行一个整数 ans_i,表示答案。

4. 城墙的弱点。

小 z 出去旅游,看到了 n 个连在一起的城墙,每个城墙有一个高度 h_i。

小 z 认为,对于一段连续的城墙,它的弱点是大于零且最小的没有出现过的高度。

例如,一段高度为 2 1 4 5 4 的城墙,它们的弱点就是 3。

已知 n 个城墙的高度,小 z 想知道,对于从第 l 个城墙开始,到第 r 个城墙结束的这一段城墙的弱点是多少?

输入:

第一行两个正整数 n 和 q,分别表示城墙个数和询问次数。第二行 n 个正整数,第 i 个数 h_i 表示第 i 个城墙的高度。接下来 q 行,每行两个数 l_i 和 r_i,表示第 i 次询问的城墙段。

输出:

q 行,每行一个数 ans_i,表示第 i 段城墙的弱点。

5. 遗憾的对决。

有 n 名选手将在擂台上进行 1 对 1 的对决赛,每名选手有一个能力值 w_i。选手对决,能力值大的人总会胜出,但如果两边选手能力值相同,就会产生平局。对于观众而言,平局是令人遗憾的。为了让比赛更加精彩,主办方设置了 m 个擂台,每个擂台有一个限制值 k_i,它会将擂台上双方选手的能力值改变为对其取模的余数。例如,一名选手的初始能力值为 w_i,他在限制值为 k_i 的擂台上对决,则他的能力值就会变为 $w_i \% k_i$。

对于每一名选手,他下一场比赛的擂台和对手都是等概率随机的。

主办方希望你能帮忙求出对于每一名选手,他的下一场是遗憾的对决的概率是多少?

请输出所求概率对于 $10^9 + 7$ 求逆元后的结果。

输入:

第一行两个正整数数 n 和 m,表示选手数量和擂台数量。第二行 n 个正整数,表示 n 名选手的能力值。第三行 m 个正整数,表示 m 个擂台的限制值。

输出:

n 行,对于第 i 行,输出一个数 ans_i,表示第 i 名选手下一场是遗憾的对决的概率对于 $10^9 + 7$ 求逆元后的值。

6. 密码矩阵。

小 z 在实验室发现了一串被打乱的密码。但是好心的学长为他留下了复原这个矩阵的操作方式。

被打乱的密码是一个 n 行 m 列的矩阵,位于 i 行 j 列上的数是 a_{ij}。

接下来需要通过 k 次操作将密码复原。

操作共有以下两种。

操作一:输入两个数 x 和 y,表示将 x 行和 y 行上的数交换。

操作二:输入两个数 x 和 y,表示将 x 列和 y 列上的数交换。

请输出复原后的密码矩阵。

输入:

第一行两个正整数 n 和 m,分别表示密码矩阵的行数和列数。

接下来 n 行,每行 m 个整数,表示被打乱的密码矩阵。

接下来一行一个整数 k，表示还原密码所需的操作次数。

接下来 k 行，每行三个正整数 t,x,y，当 $t = 1$ 时，表示进行操作一；当 $t = 2$ 时，表示进行操作二。

输出：

n 行 m 列，表示密码矩阵。

7. 擦黑板。

今天轮到小 z 去擦黑板了，他发现黑板上有一串数字，可以看作一个数组 a。小 z 每次只想擦掉最大的一个数或者最小的两个数，他想知道这样进行 k 次操作后，黑板上所有数的和最大是多少？

输入：

第一行两个整数 n 和 k，分别表示数组 a 的大小和操作次数。第二行 n 个正整数，表示数组 a 中的元素。

输出：

一行一个数 ans，表示 k 次操作后，黑板上剩下的数的和最大是多少。

8. 深度查询。

给你 n 个广义表或者原子，求出每一个广义表的深度，并输出。

如果该项是一个原子，那么请输出 0。

如果该广义表为递归广义表，深度为无穷，则输出"boundless"。

输入：

第一行一个数 n。接下来 n 行，每行第一个数为 c_i，表示序号为 i 的广义表的长度，若 $c_i = 0$，说明该项为原子。接下来 c_i 个数，表示在第 i 个广义表中存在的其他广义表或原子的序号。

输出：

一行，n 个数，表示第 i 个数表示序号为 i 的广义表的深度。

9. 矩阵问题。

有一个 $n \times n$ 的矩阵，初始时矩阵中所有元素均为 0，然后输入 q 次操作，对于每次操作输入 5 个数，分别为 x_1,y_1,x_2,y_2,c，表示一个平行四边形的左上角和右下角的坐标，每次操作都要将选中的平行四边形的每个元素都加上 c。

对于本题的平行四边形，都类似于如图 6.23 所示这种。

并且满足 $\theta = \pi/4$，并且 4 个顶点的坐标均为整数。

保证输入数据一定合法，请将完成所有操作之后每个位置的值输出。

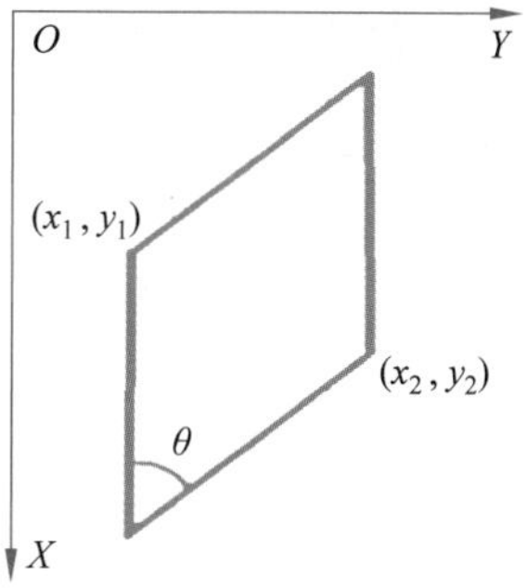

输入：

第一行包含两个数 $n,q(3 < n < 1000, 1 < q < 200\,000)$，分别表示矩阵大小和操作次数。接下来 q 行，每行 5 个数 x_1，$y_1,x_2,y_2,c(1 < x_1, x_2, y_1, y_2 < n, 1 < c < 10\,000)$，分别表示平行四边形左上角和右下角两个点的坐标以及加上的值。

输出：

一个 $n \times n$ 的矩阵，表示操作完的矩阵。

图 6.23 平行四边形示意

10. 小 z 的疑问。

小 z 有一个全部由正整数组成的数组 a。他每次可以从数组 a 中选择一组不重叠的子数组。对于每个选定的子数组，计算它的 MEX，然后计算所有得到的 MEX 值的异或和。

小 z 想知道一共可以得到多少种不同的异或和。

对于一个数组，它的 MEX（最小排除值）是不属于数组的最小非负整数。

例如，$\mathrm{MEX}[1, 4, 3, 0, 6] = 2$，$\mathrm{MEX}[1, 2, 3, 4, 5] = 0$。

输入：

第一行一个正整数 n，表示数组 a 的大小。第二行 n 个正整数，表示数组 a 中的元素。

输出：

一行一个数 ans，表示可以得到的不同异或和的个数。

第7章

树与二叉树

◇ 7.1 树 的 概 念

树是一种非线性的数据结构,是由 $n(n \geqslant 0)$ 个结点组成的具有层次关系的集合。树的递归定义如下。

(1) 树有一个根结点,根结点没有前驱结点。

(2) 除根结点之外的其余结点被分为若干互不相交的集合,每一个集合构成一棵树,称作子树。

(3) 子树中如果没有结点则称为空树。

树具有如下性质。

(1) 子树之间不能有交集。

(2) 除了根结点外,每个结点有且仅有一个父结点。

(3) 一棵具有 n 个结点的树有 $n-1$ 条边。

如图 7.1 所示,图 7.1(a)是符合定义的树;图 7.1(b)中以 B、F 为根结点的集合存在交集,因此不是树;图 7.1(c)中有 8 个结点,而边数只有 6 条(<7 条),也不是树。

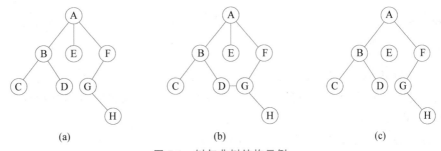

| (a) | (b) | (c) |

图 7.1 树与非树结构示例

树的相关概念如下。

(1) 结点的度:一个结点含有的子树的个数称为该结点的度,图 7.1(a)中结点 A 的度为 3,结点 G 的度为 1。

(2) 叶结点(终端结点):度为 0 的结点称为叶结点,图 7.1(a)中的结点 C、D、E、H 都是度为 0 的叶结点。

(3) 分支结点(非终端结点):度不为 0 的结点,如图 7.1(a)中的 B、F、G 结点为分支结点。

（4）父结点（双亲结点）：若一个结点含有子结点，则这个结点称为其子结点的父结点，图 7.1(a)中 B 的父结点是 A。

（5）子结点（孩子结点）：一个结点的子树的根结点称为该结点的子结点，图 7.1(a)中 A 的子结点为 B、E、F。

（6）兄弟结点：具有相同父结点的结点互称为兄弟结点，图 7.1(a)中 B、E、F 为兄弟结点，C、D 为兄弟结点。

（7）树的度：一棵树中，最大的结点的度称为树的度，图 7.1(a)的度为 3。

（8）结点的层次：定义根为第 1 层，根的子结点定义为第 2 层，以此类推。

（9）树的高度或深度：树中结点的最大层次，图 7.1(a)的深度为 4。

（10）堂兄弟结点：双亲在同一层的结点互为堂兄弟，图 7.1(a)中 C、D、G 为堂兄弟结点。

（11）结点的祖先：从根到该结点所经分支上的所有结点，图 7.1(a)中 A 是所有结点的祖先。

（12）子孙：以某结点为根的子树中任一结点都称为该结点的子孙，图 7.1(a)中所有结点都是 A 的子孙。

（13）森林：由 $m(m>0)$ 棵互不相交的树构成的集合称为森林。

（14）最近公共祖先：距离某些结点最近的祖先，图 7.1(a)中 C、D 的最近公共祖先为 B，结点本身也可以成为自己的祖先。

设树的结点数量为 n，度为 k，则结点总数和边数的关系如下。

（1）边数为 $n-1$：连接 n 个结点且不构成回路（子集不相交）需要的边数为 $n-1$。

（2）假定树中结点度为 0、1、$\cdots$、k 的结点数量分别为 n_0、n_1、$\cdots$、n_k，这些结点构成了树的所有结点，存在 $n=n_0+n_1+\cdots+n_k$。

◆ 7.2 二 叉 树

7.2.1 二叉树的定义

二叉树是度为 2 的树，一棵二叉树是结点的一个有限集合，该集合或者为空，或者由一个根结点和两棵称为左子树和右子树的二叉树组成。二叉树的子树有左右之分，次序不能颠倒，因此二叉树是有序树。

任意的二叉树都是由如图 7.2 所示的几种情况复合而成的。

(a) 空树　(b) 只有根结点　(c) 只有左子树　(d) 只有右子树　(e) 有左右子树

图 7.2　二叉树的基本形态

根据树的性质不同，存在如下特殊的二叉树。

1. 满二叉树

满二叉树的每一层的结点数都达到最大值,即每个除叶子结点以外的结点都有左右子树,如图 7.3 所示。

2. 完全二叉树

对于深度为 k 的有 n 个结点的二叉树,当且仅当其每个结点都与深度为 k 的满二叉树中编号从 1 至 n 的结点一一对应时称为完全二叉树。图 7.4 是从图 7.3 得来的完全二叉树。

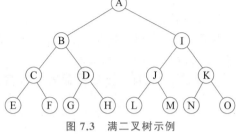

图 7.3　满二叉树示例

显然,满二叉树是完全二叉树的特殊情况。如果完全二叉树的深度为 k,则在区间 $1\sim k-1$ 层均为满二叉树,只有第 k 层不满,而且最后一层是从左往右连续的,因此完全二叉树可以使用数组存储,数组的直接访问显著提高了基于树结构的问题求解效率。

3. 斜树

所有结点都只有左子树的二叉树称为左斜树,所有结点都只有右子树的二叉树称为右斜树,如图 7.5 所示。

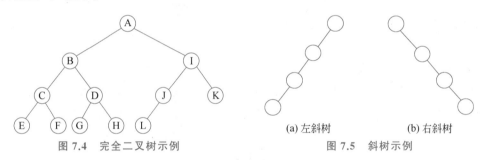

图 7.4　完全二叉树示例

(a) 左斜树　　(b) 右斜树

图 7.5　斜树示例

斜树的深度与树结点数量相同,此时,斜树已经退化为线性结构,降低了基于二叉树的算法的效率。

7.2.2　二叉树的性质

性质 1:若规定根结点的层数为 1,则一棵非空二叉树的第 i 层上最多有 2^{i-1} 个结点。

证明:(数学归纳法)

显然,$i=1$ 时,第 1 层上的结点数为 $2^{1-1}=2^0=1$。

假设当 $i=k$ 时,第 k 层上最多为 2^{k-1} 个结点。

则当 $i=k+1$ 时,第 $k+1$ 层上具有最多的结点,需要第 k 层上的每个结点都扩展出左右子树,此时,第 $k+1$ 层上的结点数为 $2\times 2^{k-1}=2^k$。

问题得证。

性质 2:若规定根结点的层数为 1,则深度为 k 的二叉树的最大结点数是 2^k-1。

证明:(数学归纳法)

当 $k=1$ 时,二叉树的最大结点数为 1 个根结点,结点数为 $2^1-1=1$。

当 $k=i$ 时,二叉树的最大结点数为 2^i-1。

则当 $k=i+1$ 时，二叉树结点最多的情况需要第 i 层每个结点都扩展出左右子树，根据性质 1 可知，此时二叉树增加了 2^i 个结点，此时，总的结点数为

$$n=2^i-1+2^i=2^{i+1}-1$$

问题得证。

性质 3：对任何一棵非空二叉树，如果度为 0 其叶结点个数为 n_0，度为 2 的分支结点个数为 n_2，则有 $n_0=n_2+1$。

证明：对于一棵二叉树的所有结点，度可能为 0、1、2 三种情况，其个数分别记为 n_0、n_1、n_2。

树的结点数 n 是这三种度的结点数量之和，即

$$n=n_0+n_1+n_2 \tag{7-1}$$

同时，将父子结点连线与子结点一一对应，每个子结点都由一条连线导出。度为 1 的结点可以导出的连线数量为 n_1，度为 2 的结点导出的连线数量为 $2n_2$，这些连线连接的结点数量为 n_1+2n_2。树根结点不由任何连线导出，因此，树的结点数量为

$$n=n_1+2n_2+1 \tag{7-2}$$

结合式(7-1)可知：

$$n_0+n_1+n_2=n_1+2n_2+1$$

移项可得：

$$n_0=n_2+1$$

问题得证。

性质 4：若规定根结点的层数为 1，具有 n 个结点的完全二叉树的深度 $h=\lfloor\log_2 n\rfloor+1$。

证明：根据性质 2，可得完全二叉树的结点数量与深度之间的关系为

$$2^{h-1}\leqslant n<2^h$$
$$\Rightarrow h-1\leqslant\log_2 n<h$$
$$\Rightarrow\log_2 n<h\leqslant\log_2 n+1$$

因为 h 为整数，所以：

$$h=\lfloor\log_2 n\rfloor+1$$

问题得证。

性质 5：对于具有 N 个结点的完全二叉树，如果按照从上至下、从左至右的数组顺序对所有结点从 0 开始编号，则对于序号为 i 的结点：

(1) 若 $i>0$，则该结点的父结点序号为 $(i-1)/2$；若 $i=0$，则无父结点。

(2) 若 $2i+1<N$，则该结点的左孩子序号为 $2i+1$；若 $2i+1\geqslant N$，则无左孩子。

(3) 若 $2i+2<N$，则该结点的右孩子序号为 $2i+2$；若 $2i+2\geqslant N$，则无右孩子。

(4) 若完全二叉树结点个数为奇数个，则度为 1 的结点数为 0；若为偶数个，则度为 1 的结点数为 1。

7.2.3 二叉树的存储结构

二叉树可以使用顺序结构和链式结构进行存储。顺序结构使用数组进行存储，链式结构使用链表进行存储。

1. 顺序存储

使用数组存储二叉树适用于完全二叉树,因为完全二叉树中的结点可以按照二叉树的性质 5 进行存取,而且中间没有空结点。

对于如图 7.4 所示的完全二叉树,可以使用数组进行连续存储,如图 7.6 所示。

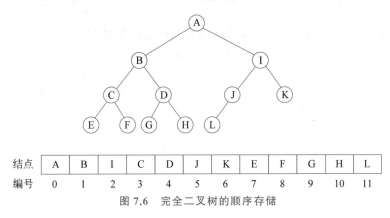

结点	A	B	I	C	D	J	K	E	F	G	H	L
编号	0	1	2	3	4	5	6	7	8	9	10	11

图 7.6　完全二叉树的顺序存储

根据性质 5 可以方便地找到顺序结构中任意结点的父结点和子结点,这一优势在数据结构堆的设计中得到了应用。

对于如图 7.7(a)所示的非完全二叉树,如果要进行顺序存储,需要将该树补成一个完全二叉树,如图 7.7(b)所示。

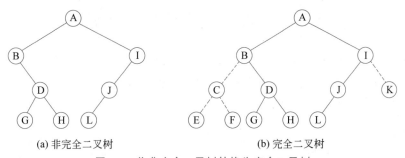

(a) 非完全二叉树　　　　　　　　(b) 完全二叉树

图 7.7　将非完全二叉树转换为完全二叉树

然后按照完全二叉树的方式使用数组进行存储,如图 7.8 所示。

结点	A	B	I	∧	D	J	∧	∧	∧	G	H	L
编号	0	1	2	3	4	5	6	7	8	9	10	11

图 7.8　顺序存储非完全二叉树

显然,通过将一个非完全二叉树补成一个完全二叉树存在空间浪费,因此,顺序存储主要用于完全二叉树的存储。

2. 链式存储

二叉树的链式存储结构是用链表来表示一棵二叉树,即用指针来指示元素的逻辑关系。用于链式存储的树结点结构为

```
typedef struct Node{
    struct Node * leftChild;              //指向左子树指针
    struct Node * rightChild;             //指向右子树指针
    DataType data;
}TreeNode;
```

对于如图 7.7(a)所示的二叉树,使用链式存储的结构如图 7.9 所示。

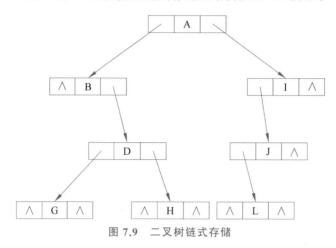

图 7.9　二叉树链式存储

◈ 7.3　二叉树的抽象数据类型描述

二叉树需要链表结构进行数据存储,以维护数据之间的非线性关系。同时,能够利用符合规定的输入进行二叉树的构建、前序遍历、中序遍历、后序遍历、层序遍历,以及构建线索二叉树等。其抽象数据类型描述如下。

```
ADT BinaryTree{
数据对象: root: TreeNode *
基本操作:
BinaryTree()                      //构造函数
buildTree(char * nodes)           //根据提供的扩展前序遍历顺序构造树
preOrder()                        //前序遍历
inOrder()                         //中序遍历
postOrder()                       //后序遍历
levelOrder()                      //层序遍历
threadTree()                      //线索化
}
```

根据二叉树的抽象类型描述,可以得到如下二叉树类的定义。

```
class BinaryTree{
private:
    //树的根结点
    TreeNode * root;
```

```
        //根据扩展前序遍历序列构建树,私有方法外界不可用
        TreeNode * recurGenTree(char * s, int &i);
        //根据前序遍历和中序遍历序列构建树,私有方法外界不可用
        TreeNode * recurGenTree(char * sPreOrder, char * sInOrder, int istart, int
        iend, int &idx);
        //递归方法前序遍历,私有方法外界不可用
        void doPreOrder(TreeNode * root);
        //递归方法后序遍历,私有方法外界不可用
        void doPostOrder(TreeNode * root);
        //递归方法中序遍历,私有方法外界不可用
        void doInOrder(TreeNode * root);
public:
        BinaryTree(){}
        //根据扩展前序遍历顺序建树,提供给外界使用
        TreeNode * buildTree(char * s);
        //根据前序和中序遍历顺序建树,提供给外界使用
        TreeNode * buildTree(char * sPreOrder, char * sInOrder);
        void preOrder();                        //前序遍历,提供给外界使用
        void postOrder();                       //后序遍历,提供给外界使用
        void inOrder();                         //中序遍历,提供给外界使用
        void lvlOrder();                        //层序遍历
        void doThreadingPre(TreeNode * root);   //前序线索化二叉树
        void doTraversePreThreadTree(TreeNode * root);  //前序线索二叉树遍历
        int treeHeight(TreeNode * root)         //求树的高度
        bool isBalanceTree(TreeNode * root)     //判断二叉树是否为平衡二叉树
};
```

◆ 7.4 二叉树的操作

7.4.1 前序遍历

例 7.1 二叉树的前序遍历。

前序遍历即以前序的方式访问二叉树中的每个结点,其中,前序是先访问根结点,再前序遍历左子树,最后前序遍历右子树。该递归过程如图 7.10 所示。

代码如下。

```
void BinaryTree::preOrder(){
    doPreOrder(this->root);
}

void BinaryTree::doPreOrder(TreeNode * root){
    if(root ==NULL) return;
    cout<<root->data<<" ";
    doPreOrder(root->leftChild);
    doPreOrder(root->rightChild);
}
```

运行结果:

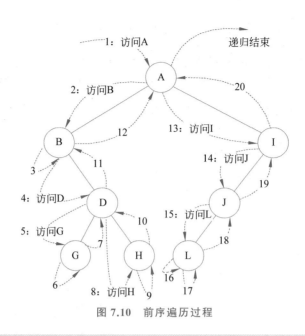

图 7.10　前序遍历过程

```
A B D G H I J L
```

7.4.2　二叉树的构建

例 7.2　根据扩展前序遍历序列构建树。

为了方便用户通过字符串的形式输入二叉树的数据，将二叉树中的空子树根用"♯"代替，如图 7.11 所示。

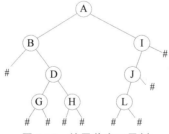

图 7.11　扩展前序二叉树

前序遍历该树可得扩展前序遍历序列：AB♯DG♯♯H♯♯IJL♯♯♯♯。以扩展前序遍历序列为参数构造二叉树，其中，"♯"表示二叉树相应的子结点为空。

代码如下。

```cpp
//s: 扩展前序遍历序列
TreeNode * BinaryTree::buildTree(char * s){
    int i = 0;
    this->root = NULL;
    this->root = recurGenTree(s, i);
    return this->root;
```

```
    }
    //递归建树
    TreeNode * BinaryTree::recurGenTree(char * s, int &i){
        TreeNode * root =NULL;
        if(s[i] !='#'){                    //获取当前字符,如果不是#,说明该结点不为空结点
            root =new TreeNode();          //创建子树根结点
            root->data =s[i];
            root->leftChild =recurGenTree(s, ++i);     //递归构建左子树
            root->rightChild =recurGenTree(s, ++i);    //递归构建右子树
        }
        return root;
    }
```

7.4.3　中序遍历

例 7.3　二叉树的中序遍历。

中序遍历是以中序的方式访问二叉树中的每个结点,即先中序遍历根结点的左子树,再访问根结点,最后中序遍历根结点的右子树。

代码如下。

```
void BinaryTree::inOrder(){
    doInOrder(this->root);
}

void BinaryTree::doInOrder(TreeNode * root){
    if(root ==NULL) return;
    doInOrder(root->leftChild);
    cout<<root->data<<" ";
    doInOrder(root->rightChild);
}
```

7.4.4　后序遍历

例 7.4　二叉树的后序遍历。

后序遍历是以后序的方式访问二叉树中的每个结点,即先后序遍历根结点的左子树再后序遍历根结点的右子树,最后访问根结点。

代码如下。

```
void BinaryTree::postOrder(){
    doPostOrder(this->root);
}

void BinaryTree::doPostOrder(TreeNode * root){
    if(root ==NULL) return;
    doPostOrder(root->leftChild);
```

```
    doPostOrder(root->rightChild);
    cout<<root->data<<" ";
}
```

7.4.5 层序遍历

例 7.5   二叉树的层序遍历。

将根结点放入队列,逐次弹出队首访问,并将队首结点的左右子树入队,代码如下。

```
void BinaryTree::lvlOrder(TreeNode * root){
    queue<TreeNode * >que;
    que.push(root);
    while(!que.empty()){
        TreeNode * node =que.front();
        que.pop();
        if(node ==NULL) continue;
        cout<<node->data<<" ";
        que.push(node->leftChild);
        que.push(node->rightChild);
    }
    cout<<endl;
}
```

7.4.6 线索二叉树

前序线
索化

线索二叉树是添加了直接指向结点前驱和后继指针的二叉树。对二叉树以某种遍历顺序进行扫描并为每个结点添加线索的过程称为二叉树的线索化,进行线索化的目的是加快查找二叉树中某结点的前驱和后继的速度。

1. 存储方式

对于一个有 n 个结点的二叉树,存在 $n+1$ 个空指针域,这些空指针域可以按如下规则来存放结点的前驱或后继信息。

(1) 如果结点的左子结点非空,那么结点左指针指向左子结点,否则指向该结点的前驱结点。

(2) 如果结点的右子结点非空,那么结点右指针指向右子结点,否则指向该结点的后继结点。

为了区分结点的指针指向,增加 ltag 和 rtag 两个域,分别表示二叉树结点的左右孩子指针指向的是子结点还是前驱、后继的线索结点。具体规则如下。

$$ltag = \begin{cases} 0 & \text{结点左指针指向左孩子} \\ 1 & \text{结点左指针指向前驱结点} \end{cases}$$

$$rtag = \begin{cases} 0 & \text{结点右指针指向右孩子} \\ 1 & \text{结点右指针指向后继结点} \end{cases}$$

线索二叉树结点的设计如下。

```
typedef struct Node{
    struct Node * leftChild;
    struct Node * rightChild;
    int ltag;
    int rtag;
    char data;
}TreeNode;
```

2. 二叉树线索化及遍历

二叉树的线索化分为前序线索化、中序线索化和后序线索化。前序线索化就是在前序遍历的过程中动态地为每个结点添加前驱或后继的信息。现以前序线索化为例说明二叉树线索化及遍历。

例 7.6　为如图 7.7 所示的二叉树建立前序线索。

步骤 1：访问根结点 root，左子树不为空，如图 7.12(a)所示。递归访问左子树，置 preNode = root，如图 7.12(b)所示。

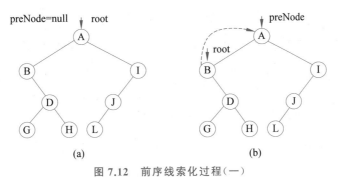

图 7.12　前序线索化过程(一)

步骤 2：root 左子树为空，建立 root 与前驱 preNode 之间的线索，如图 7.12(b)所示。然后递归建立 root 的右子树的线索，如图 7.13(a)所示。此时，root 的左右子树都不为空，递归左子树，如图 7.13(b)所示。此时，root 的左子树为空，建立 root 与前驱 preNode 之间的线索。

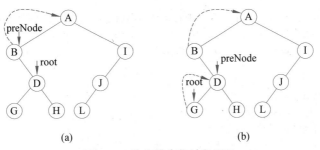

图 7.13　前序线索化过程(二)

步骤 3：左子树建立线索完毕，递归建立右子树线索，如图 7.14(a)所示。root 的左子树为空，建立 root 与前驱之间的线索；同时，root 的右子树为空，建立 preNode 与 root 之间的后继线索。此时，根结点 A 的左子树线索建立完毕，进入右子树建立线索。preNode 的右子树为空，建立 preNode 与 root 之间的后继线索，如图 7.14(b)所示。

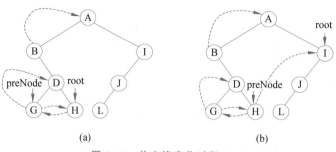

图 7.14 前序线索化过程(三)

步骤 4:root 的左子树不为空,递归进入左子树建立线索。由于 preNode 的右子树为空,建立 preNode 与 root 的后继线索,如图 7.15(a)所示。继续递归,到达叶子结点,左右子树都为空,分别建立结点的前驱、后继线索,如图 7.15(b)所示。

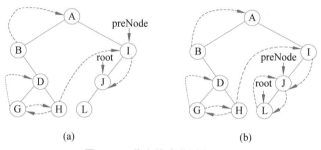

图 7.15 前序线索化过程(四)

前序线索化代码如下。

```cpp
void BinaryTree::doThreadingPre(TreeNode * root){
    if(root !=NULL) {
        //访问结点的左指针为空则指向前驱结点,修改标志位
        if(root->leftChild ==NULL) {
            root->leftChild =preNode;
            root->ltag =1;
        }
        //前驱结点存在且右指针为空则右指针指向后继结点也就是访问结点,修改标志位
        if(preNode !=NULL && preNode->rightChild ==NULL) {
            preNode->rightChild =root;
            preNode->rtag =1;
        }
        //修改前驱结点
        preNode =root;
        //递归处理左子树
        if(root->ltag ==0)
            doThreadingPre(root->leftChild);
        //递归处理右子树
        if(root->rtag ==0)
            doThreadingPre(root->rightChild);
    }
}
```

二叉树线索化后可以按后继线索进行二叉树的遍历,代码如下。

```
void BinaryTree::doTraversePreThreadTree(TreeNode* root){
    while(root !=NULL) {
        //从根结点开始往左一直遍历到最左子结点
        while(root->ltag ==0) {
            cout<<root->data<<" ";
            root =root->leftChild;
        }
        cout<<root->data<<" ";
        //这里的 root->rightChild 可能是线索,可能是右子结点
        root =root->rightChild;
    }
}
```

◈ 7.5 二叉树与树、森林的转换

7.5.1 树与二叉树的转换

由于非二叉树中每个结点的度不相同,在操作上并不方便,而将树转换成二叉树,可以利用二叉树的算法来实现对树的操作。

1. 树转换为二叉树

操作规则如下。

(1)加线:在兄弟结点之间加一条连线。

(2)删线:对每个结点,除了保留其与长子(按从左到右的顺序第一个孩子结点)的连线外,去除与其余孩子之间的连线。

(3)旋转:以树的根结点为轴心,将树顺时针旋转45°。

例 7.7 树转换成二叉树。

根据操作规则,可得如图 7.16 所示的转换过程。

2. 二叉树转换为树

(1)加线:若 node 结点是双亲结点 root 的左孩子,则将 node->rightChild 与 root 连接,置 node=node->rightChild 进行迭代,直到 node 为空,在迭代的过程中将 node->rightChild 都与 root 连接起来。

(2)删线:删掉原二叉树中双亲与右孩子的连线。

(3)调整:按结点层次排列,形成树结构。

例 7.8 二叉树转换为树。

按照二叉树转换为树的规则,按如图 7.17 所示的步骤进行转换。

7.5.2 森林与二叉树的转换

1. 森林转换为二叉树

(1)首先将各棵树分别转换为二叉树。

(2)然后用线连接每棵树。

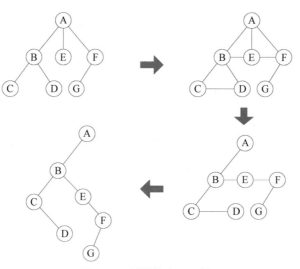

图 7.16　树转换为二叉树

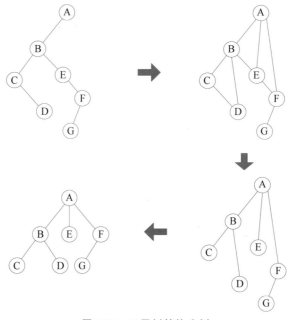

图 7.17　二叉树转换为树

（3）以第一棵树的根结点为二叉树的根，以根结点为轴心，顺时针旋转。

根据森林转换为二叉树的操作规则，对于给定以 A、E 为根结点的树形成的森林，可得如图 7.18 所示的转换过程。

2. 二叉树转换为森林

（1）删线：将二叉树中根结点与其右孩子连线，及沿右分支搜索到的所有右孩子间连线全部删掉，使之变成孤立的二叉树。

（2）还原：将孤立的二叉树还原成树。

根据二叉树转换为森林的操作，将如图 7.19 所示的二叉树可以转换为森林。

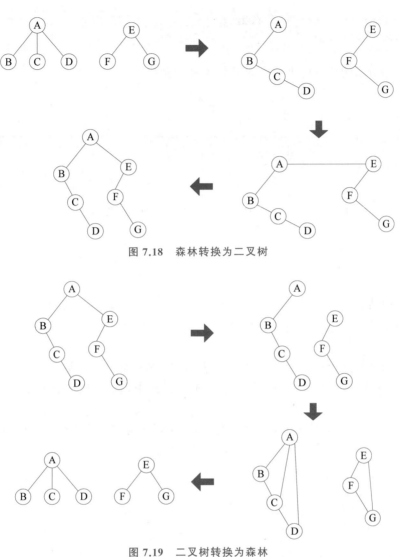

图 7.18　森林转换为二叉树

图 7.19　二叉树转换为森林

◇ 7.6　树的存储结构

7.6.1　按树的度进行表示

以树的度设计树的结点才能建立所有的父子结点关系。图 7.1(a)中树的度为 3,所以将树的结点设计为 3 个指针域和 1 个数据域,其中,3 个指针将指向 3 个子结点。

树结点结构如下。

```
#define DEGREE 3

typedef struct Node{
    Datatype nodeText;
```

```
    struct Node * children[DEGREE];
}TreeNode;
```

则如图 7.1(a)所示的树可以表示成如图 7.20 所示结构。

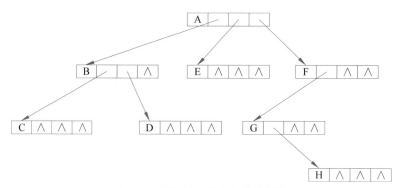

图 7.20　按树的度进行存储的结构

因为树中结点的度都不相同，可能导致存在大量的空指针，造成存储空间的浪费。

7.6.2　孩子-兄弟表示法

由于树的结构比较复杂，因此存在多种表示方法来存储结点数据和结点的父子关系，如双亲表示法、孩子双亲表示法、孩子-兄弟表示法。其中，孩子-兄弟表示法是常用的表示方法。

孩子-兄弟表示法主要使用链表来进行表示，无须定义定长的结点，结构如下。

```
typedef struct Node{
    char nodeText;
    struct Node * firstChild;
    struct Node * nextSibling;
}TreeNode;
```

这种表示方法的结点结构相同，如果一个父结点有多个子结点，则通过链表的形式进行表示，不会造成过大的存储空间浪费。

图 7.1(a)利用孩子-兄弟表示法可以表示为如图 7.21 所示结构。

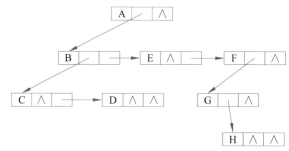

图 7.21　孩子-兄弟表示法

◆ 7.7 树 的 遍 历

7.7.1 一般树的遍历

1. 树的前序遍历

树的前序遍历操作定义为

> 步骤 1：若树为空，则返回。
> 步骤 2：访问根结点。
> 步骤 3：按照从左到右的顺序前序遍历根结点的每棵子树。

哈夫曼树
的构造

该操作过程是一个递归程序，以如图 7.1(a) 所示树按前序遍历可得如图 7.22 所示过程。

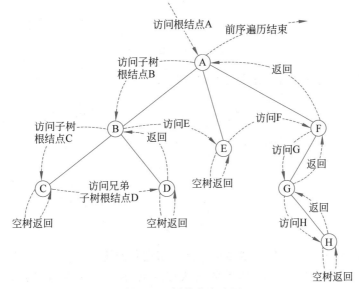

图 7.22　树的前序遍历

前序遍历结果为：ABCDEFGH。

2. 树的后序遍历

树的后序遍历操作定义为

> 步骤 1：若树为空，则返回。
> 步骤 2：按照从左到右的顺序后序遍历根结点的每棵子树。
> 步骤 3：访问根结点。

树的后序遍历先递归以子结点为根的子树，然后访问子树的根。以如图 7.1(a) 所示树为例，其后序遍历的过程如图 7.23 所示。

树的后序遍历顺序为：CDBEHGFA。

3. 层序遍历

树的层序遍历操作定义为：从树的第一层（即根结点）开始，自上而下逐层遍历，在同一

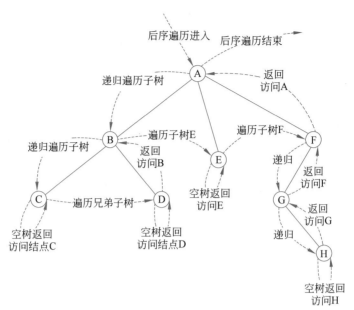

图 7.23　树的后序遍历

层中,按从左到右的顺序对结点逐个访问,如图 7.24 所示。

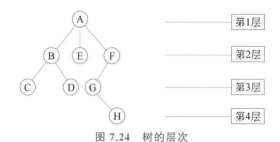

图 7.24　树的层次

为了能够记录每一层的结点,需要使用队列来进行遍历。

具体过程为:先将树根入队,然后弹出队首结点,将弹出的队首结点的子结点放入队列;然后按照结点入队次序依次弹出队首元素,将队首元素的子结点放入队列,直到队列为空。

如图 7.24 所示树的层序遍历顺序为:ABEFCDGH。

7.7.2　森林的遍历

森林是树的集合,可以对森林中的每一棵树依次进行先序遍历或者中序遍历。

1. 先序遍历森林

若森林不空,则可依下列次序进行遍历。

(1) 访问森林中第一棵树的根结点。

(2) 先序遍历第一棵树中的子树森林。

(3) 先序遍历除去第一棵树之后剩余的树构成的森林。

2. 中序遍历森林

若森林不空,则可依下列次序进行遍历。

（1）中序遍历第一棵树中的子树森林。

（2）访问森林中第一棵树的根结点。

（3）中序遍历除去第一棵树之后剩余的树构成的森林。

◇ 7.8　哈　夫　曼　树

哈夫曼树是一种二叉树,该二叉树中的叶子结点代表数据,非叶子结点代表数据的组合。叶子结点代表的数据通常表示数据出现的频率,频率高的数据在树中的深度较浅、频率低的数据在树中出现的深度较深,可用于设计不定长的数据编码。

7.8.1　概念

结点的权：给树的结点赋予一个表示某种意义的值,如字符出现频率,该值称为该结点的权。

结点的带权路径长度：定义从根结点到某个结点需要经过的边数与该结点的权的乘积,称为结点的带权路径长度。

树的带权路径长度：所有叶子结点的带权路径长度之和,称为树的带权路径长度,记为 WPL。

以权重$\{1,2,5,8\}$为例,可以构造不同的二叉树,如图 7.25 所示。

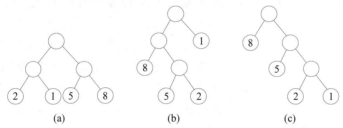

图 7.25　同一输入对应的不同二叉树

如图 7.25(a)所示二叉树的 $WPL = 2 \times 2 + 1 \times 2 + 5 \times 2 + 8 \times 2 = 32$。

如图 7.25(b)所示二叉树的 $WPL = 8 \times 2 + 5 \times 3 + 2 \times 3 + 1 \times 1 = 32$。

如图 7.25(c)所示二叉树的 $WPL = 8 \times 1 + 5 \times 2 + 2 \times 3 + 1 \times 3 = 27$。

哈夫曼树：给定 N 个权值作为 N 个叶子结点,构造一棵二叉树,若该树的带权路径长度达到最小,称这样的二叉树为最优二叉树,也称为哈夫曼树(Huffman Tree)。

哈夫曼树是带权路径长度最短的树。从图 7.25 中可以发现,WPL 越小的树,其权值较大的结点离根更近。

7.8.2　哈夫曼树的构造

给定 n 个权值结点,构造哈夫曼树的算法描述如下。

步骤 1：将这 n 个结点分别作为 n 棵二叉树，构成森林 R。

步骤 2：在 R 中找到两个根结点权值最小的树，并以这两棵树为左右子树构建一棵新树，新树的根结点权值为左右子树根结点权值之和。

步骤 3：从 R 中删除步骤 2 选定的两棵树，同时将新得到的树加入 R 中。

步骤 4：重复步骤 2 和步骤 3，直至 R 中只剩下一棵树为止。

例 7.9 以权重 $\{1,2,5,8\}$ 为例，哈夫曼树的构造过程如图 7.26 所示。
最终得到的哈夫曼树如图 7.27 所示。

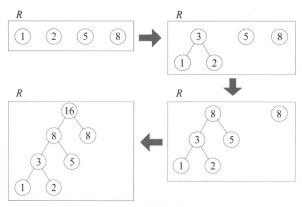

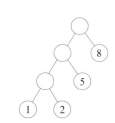

图 7.26 哈夫曼树的构造过程   图 7.27 哈夫曼树示例

在树的构造过程中并没有规定新树的左右子树的顺序，因此，哈夫曼树是不唯一的。从上述构造过程中可以看出哈夫曼树具有如下特点。

(1) 每个初始结点最终都成为叶结点，且权值越小的结点到根结点的路径越长。

(2) 构造过程中共新建了 $n-1$ 个结点，因此哈夫曼树的结点总数为 $2n-1$。

(3) 每次构造都选择两棵树作为新结点的孩子，因此哈夫曼树中不存在度为 1 的结点。

(4) n 个叶子结点的哈夫曼树中共有 $2n-1$ 个结点，因为哈夫曼树要经过 $n-1$ 次合并，共产生 $n-1$ 个新结点。

7.8.3 哈夫曼树的实现

对于 n 个权值，哈夫曼树可以明确结点数量为 $2n-1$，所以，在存储上可以直接使用数组进行存储，因此，树结点设计上只用考虑每个结点在数组中的位置，具体结构如下。

```
typedef struct Node{
    double weight;
    int parent,leftChild,rightChild;
}HuffmanNode;
```

哈夫曼树的主要操作包括构建哈夫曼树、生成哈夫曼编码等，其类结构如下。

```
class HuffmanTree{
private:
    HuffmanNode * nodes;                        //树结点数组
```

```
    int n;                                      //权值数量
    void init(double * weights);
    void selectMin(int k, int &t);              //找最小根结点子树脚标
    void select(int k, int &t1, int& t2);       //最小两个根结点子树脚标
public:
    HuffmanTree(){}
    HuffmanTree(int n, double * weights);       //有参构造函数
    void buildHuffmanTree();                     //构建哈夫曼树
    void HuffmanCode();                           //生成哈夫曼编码
};
```

构造函数,用于哈夫曼树结点初始化。根据权值数量和权值分配内存,并对结点进行初始化。

```
//构造函数
//n: 权值数量
//weights: 权值数组
HuffmanTree::HuffmanTree(int n, double * weights){
    nodes = new HuffmanNode[2 * n - 1];          //开辟 2n-1 个存储空间,存放所有结点
    this->n = n;
    init(weights);
}

//初始化
void HuffmanTree::init(double * weights){
    for(int i = 0; i < 2 * n - 1; i ++){
        if(i < n){                               //前 n 个单元放初始权值
            nodes[i].weight = weights[i];
        }
        //结点的成员全部初始化为-1,前面 n 个结点表示森林
        nodes[i].leftChild = -1;
        nodes[i].rightChild = -1;
        nodes[i].parent = -1;
    }
}
```

构建哈夫曼树。

```
//选择最小的树
void HuffmanTree::selectMin(int k, int &t){
    for(int i = 0; i < k; i ++){
        if(nodes[i].parent == -1){
            t = i;
            break;
        }
    }
    for(int i = 0; i < k; i ++){
        if(nodes[i].parent == -1 && nodes[i].weight < nodes[t].weight){
```

```
            t =i;
        }
    }
}


//选择两棵最小的树,复用 selectMin 函数
//当确定第一棵最小的树后,将该树标识为有父结点,查找第二小的树时将不再考虑这棵树
void HuffmanTree::select(int k, int &t1, int& t2){
    selectMin(k,t1);
    nodes[t1].parent =0;
    selectMin(k,t2);
}


//构建哈夫曼树
void HuffmanTree::buildHuffmanTree(){
    for(int i =n; i <2* n -1; i ++){
        int t1, t2;
        select(i,t1,t2);
        nodes[t1].parent =i;
        nodes[t2].parent =i;
        nodes[i].leftChild =t1;
        nodes[i].rightChild =t2;
        nodes[i].weight =nodes[t1].weight +nodes[t2].weight;
    }
}
```

程序实现时,将两个权重最小的根结点中权重小的结点作为左子树,权重较大的结点作为右子树,权重相同时第一个结点为左子树,第二个结点为右子树。

例 7.9 的哈夫曼树如图 7.28 所示。

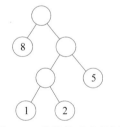
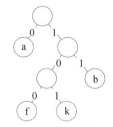

图 7.28　构造的哈夫曼树　　　　　图 7.29　哈夫曼编码

7.8.4　哈夫曼编码

哈夫曼树的主要功能是对报文进行编码、加密和解密。哈夫曼编码方法完全依据字符出现概率来构造平均长度最短的编码。

哈夫曼编码原则是左子树标 0,右子树标 1。假设图 7.28 中权重{1,2,5,8}分别对应字符{f,k,b,a}在文本中出现的次数,则字符对应的哈夫曼编码可按图 7.29 进行生成。

生成哈夫曼编码时,从叶子结点开始向上回溯,直到树的根结点。如果为左子树,则编码为 0,否则编码为 1。

最终可得哈夫曼编码如表 7.1 所示。

表 7.1　哈夫曼编码

字　　符	a	b	k	f
编码	0	11	101	100

可以发现,权重越大的结点所对应的编码长度越短,这是由哈夫曼树特点所决定的,因为在哈夫曼树中权值较大的结点离根较近。

哈夫曼编码具有如下特点。

(1) 任何一个编码肯定不是其他编码的前缀。如果读入 0,则可以将编码译为 a,如果读入 100,则可以将编码译为 f。因为在哈夫曼树中字符所对应的结点都是叶子结点,叶子结点之间是不会存在祖宗和子孙之间的关系的。

(2) 哈夫曼编码是最短的。

哈夫曼编码与 ASCII 编码的比较如表 7.2 所示。

表 7.2　哈夫曼编码与 ASCII 编码的比较

字　　符	a	b	k	f
权重	8	5	2	1
哈夫曼编码	0	11	101	100
ASCII 编码	1100001	1100010	1101011	1100110

因为 ASCII 编码方式没有考虑字符出现的频率,只能使用定长编码,其编码的长度要大于哈夫曼编码长度。

哈夫曼编码代码如下。

```cpp
void HuffmanTree::HuffmanCode(){
    for(int i =0; i <n; i ++){
        string code ="";
        int parent =nodes[i].parent;
        int treeindex =i;
        while(parent !=-1){
            if(nodes[parent].leftChild ==treeindex){
                code ="0" +code;
            }else{
                code ="1" +code;
            }
            treeindex =parent;
            parent =nodes[treeindex].parent;
        }
        cout<<code<<endl;
    }
}
```

如果输入 fabk,则哈夫曼编码为 100011101,利用如表 7.2 所示的哈夫曼树解码可知字符编码分别为100、0、11、101,对应的字符为 f、a、b、k。

◇ 7.9 能力拓展

7.9.1 根据树的前序和中序构造树

前序和中序
构造二叉
树

例 7.10 根据前序遍历和中序遍历序列构建二叉树。

解题思路:按顺序逐一获取前序遍历序列中的字符 ch,因为是前序遍历,所以每个字符 ch 都是一个子树的根结点。然后在中序遍历序列中找到 ch 的位置 index,因为是中序遍历,所以处于 index 左侧的字符子集是左子树中序遍历结果,处于 index 右侧的字符子集是右子树中序遍历结果。按此思路递归,直到子集中只有一个元素为止。

以如图 7.7 所示的二叉树为例,其前序遍历序列为 A B D G H I J L,中序遍历序列为 B G D H A L J I,其建树逻辑如图 7.30 所示。

图 7.30   根据前、中序列构建二叉树

显然,根据前序序列的当前字符 A,可以确定树的根结点就是 A,如图 7.30(b)所示。然后根据 A 在中序序列中的位置可以将中序序列划分为左右子树,得到如图 7.30(c)所示的树结构。此时,问题变为两个规模更小但逻辑相同的子问题,因此可以递归进行求解。

在左右子树划分的过程中存在以下 4 种情况。

(1)表示子树的集合中只有一个元素。此时,该元素即为叶结点,其左右子树为空。

(2)表示左子树的集合为空,则结点左子树为空,右子树递归构建。

(3)表示右子树的集合为空,则结点右子树为空,左子树递归构建。

(4)表示左右子树的集合都不为空,则左右子树递归构建。

完整代码如下。

```
//根据前序、中序序列构建树
//sPreOrder: 前序序列
//sInOrder: 中序序列
TreeNode * BinaryTree::buildTree(char * sPreOrder, char * sInOrder){
    int idx = 0;
    this->root = NULL;
    this->root = recurGenTree(sPreOrder,sInOrder,0,strlen(sInOrder) -1,idx);
    return this->root;
}
//根据前序、中序序列递归构建二叉树
//sPreOrder: 前序序列
```

```
                序序列
                子树范围
        aryTree::recurGenTree(char * sPreOrder, char * sInOrder, int
        d, int &idx){
        root =new TreeNode();
        reOrder[idx];              //获得根结点字符
        =ch;

        start; i <=iend; i ++){  //查找根结点在中序序列中的位置
        der[i] ==ch){
        i;
        ;

        rt && rt ==iend){    //如果子树中只有一个字符,则为叶子结点
        ftChild =NULL;
        htChild =NULL;

        start){                  //如果中序遍历字符 ch 的左侧为空,说明没有左子树
        tChild =NULL;
        tChild =recurGenTree(sPreOrder,sInOrder,rt +1, iend, ++idx);

        end){                    //如果中序遍历字符 ch 的右侧为空,说明没有右子树
        tChild =NULL;
        Child =recurGenTree(sPreOrder,sInOrder,istart, iend -1,++idx);

        Child =recurGenTree(sPreOrder,sInOrder,istart, rt -1,++idx);
        tChild =recurGenTree(sPreOrder,sInOrder,rt +1, iend,++idx);
```

否为平衡二叉树

列断一棵二叉树是否是平衡二叉树。

平衡二叉树是一种二叉排序树,为了提高二叉树的查询效率,要求每个结点的左子树和右子树的高度差为-1、0、1 三种情况。如果某个结点的左右子树的高度差的绝对值大于1,则需要通过平衡规则来对二叉树进行平衡操作。

给定一棵二叉树,请判断该树是否为平衡二叉树。

解题思路:判断图 7.31 中以 A 为根结点的二叉树是否为平衡二叉树,只需要分别求出其左子树、右子树的高度 h_1 和 h_2,如果 $|h_1-h_2| \leqslant 1$ 成立,则继续递归判断左右子树是否为平衡二叉树,否则,就不是平衡二叉树。

因此,首先需要求二叉树的深度,代码如下。

平衡二叉树判断

图 7.31　平衡二叉树的判断

```
int BinaryTree::treeHeight(TreeNode * root){
    if(root ==NULL){
        return 0;
    }
    int h1 =treeHeight(root->leftChild);
    int h2 =treeHeight(root->rightChild);
    return h1 >h2 ? h1 +1 : h2 +1;
}
```

判断二叉树是否为平衡二叉树按如下逻辑进行。

```
bool BinaryTree::isBalanceTree(TreeNode * root){
    //如果为空树,则为平衡二叉树
    if(root ==NULL){
        return true;
    }
    int h1 =treeHeight(root->leftChild);
    int h2 =treeHeight(root->rightChild);
    //如果左右子树高度差大于1,则不是平衡二叉树
    if(fabs(h1 -h2) >1){
        return false;
    }
    //递归判断子树是否为平衡二叉树
    return isBalanceTree(root->leftChild) && isBalanceTree(root->rightChild);
}
```

测试用例1：如图7.32所示的树是以每个结点为根的左右子树的高度之差都不大于1，所以是一棵平衡二叉树。

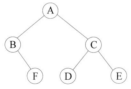

图 7.32　测试用例一

测试代码如下。

```
int main()
{
    char * order ="AB#F##CD##E##";
    BinaryTree bt;
    TreeNode * root =bt.buildTree(order);
    bool isAVL =bt.isBalanceTree(root);
    if(isAVL)
        cout<<"is AVL tree"<<endl;
    else
        cout<<"is not AVL tree"<<endl;
```

```
        return 0;
    }
```

测试结果：is AVL tree。

测试用例 2：如图 7.33 所示的树虽然以 A 为根的左右子树高度之差为 1，以 B 为根的左右子树高度之差为 1，但以 F 为根、H 为根的左右子树的高度之差大于 1，所以该树不是平衡二叉树。

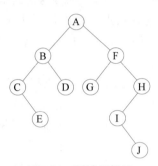

图 7.33　测试用例二

测试代码如下。

```
int main()
{
    char * order ="ABC#E##D##FG##HI#J###";
    BinaryTree bt;
    TreeNode * root =bt.buildTree(order);
    bool isAVL =bt.isBalanceTree(root);
    if(isAVL)
        cout<<"is AVL tree"<<endl;
    else
        cout<<"is not AVL tree"<<endl;
    return 0;
}
```

测试结果：is not AVL tree。

◇ 习　　题

1. 给定一棵有 n 个结点的二叉树，编号 $1\sim n$，根结点为 1，请统计只有一个孩子的结点个数。

2. 给定一棵有 n 个结点的二叉树，编号 $1\sim n$，根结点为 1，给定结点 u，v($u\neq v$)，请判断 u 是否是 v 的后代。

3. 给定一棵有 n 个结点的二叉树，编号 $1\sim n$，根结点为 1。小 B 把每个结点的左右儿子互换了一下，请你输出互换之后的二叉树的前序遍历序列。（如果 p 的左孩子是 s，没有右孩子，那么变换后 p 的右孩子是 s，没有左孩子。）

4. Alice 和 Bob 在一棵深度为 k 且有 $2k-1$ 个结点的满二叉树上做游戏，结点自上而下，自左到右编号为 $1 \sim 2k-1$。Alice 选择一个结点编号，Bob 需要回答出树上有几个结点的深度大于 Alice 所选择的结点深度。

5. 小 B 拥有 n 堆金块，每堆金块的重量为 w_i，现在他可以选择两堆金块 i、j，并将它们合并为一堆，新的一堆金块重量为 w_i+w_j，这一操作的代价为 w_i+w_j。小 B 将一直进行这一操作直到只剩一堆金块。请问在最后剩下的一堆金块重量最大的前提下，付出的最小代价是多少？

6. 有一棵有 n 个结点的树，编号 $1 \sim n$，在编号为 k 的结点上有一个炸弹，炸弹的波及范围为 m，即对于每个结点 i，如果它到结点 k 的距离不大于 m，就会受到波及。两个顶点之间的距离定义为它们之间唯一简单路径上的边数。请求出受到波及的结点数（包括结点 k）。

7. 有一棵完全二叉树，现在已知它的第 k 层（设根结点为第一层）有 $m(1 \leqslant m \leqslant 2k-1)$ 个叶子结点，请问这棵树最少有几个结点？最多有几个结点？

8. 给定一棵有 n 个结点的二叉树，编号 $1 \sim n$，根结点编号为 1，现在给出两个结点 s、t，请求出它们的最近公共祖先结点。

9. 有一棵有 n 个结点的树，编号 $1 \sim n$，根结点编号为 1。请按以下规则给结点染上颜色。

规则 1：每个结点不是红色就是黑色。

规则 2：如果两个结点的距离为 1，那么这两个结点的颜色必须不同。

规则 3：红色结点尽量多。

请问染完色后有几个红色结点？

10. 小 Z 最近为自己量身定做了一种输入法，以有效减少输入英文单词的时间。该输入法将小 Z 所有常用英文单词输入了一个库中，当小 Z 输入一个前缀时，所有不以其为前缀的单词都不会出现在输入待选框中。例如，库中有三个单词，分别是 apple、app 和 ap，当他输入"ap"时待选框中有三个单词；当他输入"app"时有两个单词，输入"appl"时就只有一个单词了。现在他有 q 个询问，每个询问给出一个前缀 S，请问当小 Z 输入前缀 S 时，待选框中还剩几个单词？

第 8 章

图

◈ 8.1　图的基本概念

图是一种非线性结构,通常表示为

$$G = (V, E)$$

其中,G 表示一个图,V 是图 G 中顶点的集合,E 是图中边的集合,图中任意两个顶点间都可能有直接关系。

图的相关概念如下。

(1) 无向图:若 E 是无向边(简称边)的有限集合时,则 G 为无向图。边是顶点的无序对,记为 (v, w) 或 (w, v),且有 $(v, w) = (w, v)$,其中,v, w 是顶点。

(2) 有向图:图的结点之间连接线是有向弧,用箭头表示,$<v, w>$ 表示从顶点 v 到顶点 w 的边,与 $<w, v>$ 不是同一条边。

(3) 完全图:无向完全图中,任意顶点之间都有边相互连接,n 个结点的连线数为 $n(n-1)/2$。有向完全图中,任意顶点之间都有互通的有向弧,n 个结点的连线数为 $n(n-1)$。

(4) 度、出度和入度:无向图顶点的度是与该顶点关联边的数目。在有向图中,顶点的度为出度和入度之和。出度是以该顶点为起点的有向边的数目,入度是以该顶点为终点的有向边的数目。

(5) 路径:顶点 v 到达顶点 w 的通路。

(6) 子图:对于图 $G_1 = (V, E)$ 和 $G_2 = (V', E')$,如果 $V' \subseteq V$ 且 $E' \subseteq E$,则称 G_2 为 G_1 的子图。

(7) 权:图的边或弧上的数字,代表弧的长度或代价。

(8) 网:边带权值的图称为网。

◈ 8.2　图的存储结构

由于图中任意顶点之间可能存在连接关系,因此无法通过存储位置表示这种任意的逻辑关系,所以图无法采用顺序存储结构,而主要采用邻接矩阵和邻接表进行存储。

8.2.1　图的邻接矩阵

顶点名称采用一维数组进行存储,各顶点之间的邻接关系用二维数组(称为邻接矩阵)进行存储。

假设无向图 $G = (V, E)$ 有 n 个顶点,则邻接矩阵是一个 $n \times n$ 的方阵,定义为

$$\text{arc}[i][j] = \begin{cases} 1, & (v_i, v_j) \in E \\ 0, & \text{其他} \end{cases}$$

如图 8.1 所示的图,其邻接矩阵为

$$\text{arc} = \begin{bmatrix} 0 & 1 & 1 & 0 \\ 1 & 0 & 1 & 1 \\ 1 & 1 & 0 & 1 \\ 0 & 1 & 1 & 0 \end{bmatrix}$$

因为无向图中同时存在 (v, w) 和 (w, v) 的边,所以其邻接矩阵为对称矩阵。而有向图中边有方向性,不存对称性关系,如图 8.2 所示。

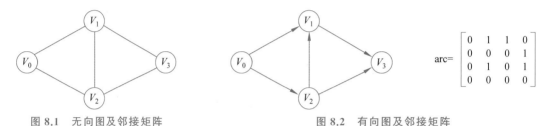

图 8.1　无向图及邻接矩阵　　　　图 8.2　有向图及邻接矩阵

对于存在边权的网,其邻接矩阵可如图 8.3 所示。

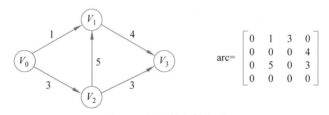

图 8.3　网及其邻接矩阵

邻接矩阵是一种访问效率较高的图存储结构,但是对于边数相对顶点较少的图,邻接矩阵存储方式存在空间浪费。

8.2.2　图的邻接表

邻接表存储的基本思想:对于图的每个顶点 v,将所有邻接于 v 的顶点链成一个单链表,称为顶点 v 的边表,所有边表的头指针和存储顶点信息的一维数组构成顶点表。

邻接表的存储方式如图 8.4 所示。

图 8.4　图的邻接表

（1）图中顶点用一个一维数组存储，数组中每个入口还需要存储指向第一个邻接点的指针，以便于查找该顶点的边信息。

（2）图中每个顶点 v 的所有邻接点构成一个线性表，无向图中称为顶点 v 的边表，有向图中称为以顶点 v 作为弧尾的出边表。

对于网，其邻接表的边结构中增加一个权域，如图 8.5 所示。

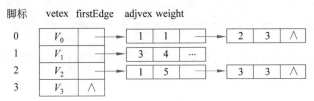

图 8.5　网的邻接表

8.2.3　图的抽象数据类型描述

以基于邻接矩阵实现为例对图的抽象数据类型进行描述，主要包括数据对象以及图的基本操作，具体如下。

```
ADT Graph{                //基于邻接矩阵的实现
数据对象: arc[n,n]        //n 为图的顶点数
基本操作:
buildGraph——构建图
dfsGraph——深度优先遍历
bfsGraph——广度优先遍历
prim——prim 最小生成树
kruskul——kruskul 最小生成树
dijkstra——单源点最短路径
floyd——多源点最短路径
topologySort——图的拓扑排序
criticalPath——图的关键路径
}
```

8.2.4　图类的实现

根据图的抽象数据类型描述，可以得到如下用邻接矩阵实现的图类。

```
class Graph{
private:
    int vertexNum;          //顶点数量
    int * * arc;            //图的邻接矩阵
    int * visited;          //顶点被访问标志
public:
    Graph(){}
    Graph(int vn);
    void graph_dfs();
```

```
    void graph_bfs();
    void prim();
    void kruskul();
    void dijkstra();
    void floyd();
    void topologySeq();
    void criticalPath();
};
```

图的构造函数依据传入的顶点数来动态分配邻接矩阵,arc 为二级指针,指向一个一维数组,数组中的每一行也是一维数组。

```
Graph::Graph(int vn){
    this->vertexNum =vn;
    arc =new int * [vertexNum];
    for(int i =0; i <this->vertexNum; i ++){
        arc[i] =new int[vertexNum];
    }
}
```

◇ 8.3　图的遍历与图的连通性

从图中的某一顶点出发,按照某种搜索策略沿着图中的边对图中的所有顶点访问一次且仅访问一次,称为图的遍历(Traversing Graph)。

图的遍历算法是求解图的连通性问题、拓扑排序和关键路径等算法的基础。图中的一个顶点可能与其他顶点都相互连接,所以图的遍历比树的遍历更加复杂,因为沿着某条路径搜索又可能回到原来的顶点。为避免同一顶点被访问多次,在遍历图的过程中,必须记下每个已访问过的顶点,为此可以设一个辅助数组 visited[]来标记顶点是否被访问过。

图的遍历算法有两种:广度优先搜索和深度优先搜索。

8.3.1　图的深度优先遍历

深度优先遍历(Depth First Search,DFS)采用了回溯思想,利用递归尽可能深地遍历顶点。从初始顶点 vs 开始,标记该顶点已被访问。按顺序访问 vs 的第一个可达顶点,然后从第一个可达顶点出发,递归访问。当在递归的某层无法发现新的顶点,回溯到上一层以第二个可达顶点为出发点递归,直到所有顶点被访问完毕。

图的深度优先遍历伪代码如下。

```
DFS(vs){
    visited[vs] ← true
    visit vs
    for v in V
        if arc[vs,v] ≠ 0 and visited[v] ≠ false
            DFS(v)
```

```
        end if
    end for
}
```

例 8.1　以 V_0 为起点深度优先遍历图 8.6。

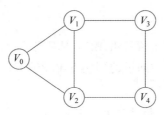

图 8.6　示例图

深度优先遍历过程如图 8.7 所示。

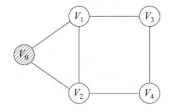 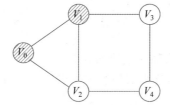 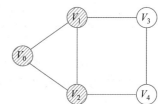

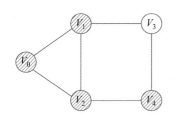 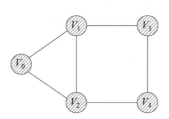

图 8.7　深度优先遍历过程

深度优先遍历结果：

$$V_0 、V_1 、V_2 、V_4 、V_3$$

完整代码如下。

```
void Graph::graph_dfs(int vs){
    for(int i =0; i <vexNum; i ++){
        visited[i] =false;
    }
    dfs(vs);
}


void Graph::dfs(int vs){
    visited[vs] =true;
    cout<<"V"<<vs<<" "<<endl;
    for(int i =0; i <vexNum; i ++){
        if(this->arc[vs][i] !=0 && !visited[i]){
```

```
            dfs(i);
        }
    }
}
```

8.3.2　图的广度优先遍历

广度优先遍历（Breadth First Search，BFS）是从源点 vs 出发，一次性访问 vs 所有未被访问的邻接顶点，再依次从这些访问过的邻接点出发继续访问其他顶点，直到所有顶点都被访问。

BFS 的实现需要使用队列存储每一层的顶点，主要步骤如下。

步骤 1：初始化，将所有顶点标记为未访问，将遍历起点 vs 放入队列 Q。
步骤 2：弹出 Q 的队首元素 v，如果 v 没有被访问，则访问 v，并标记顶点 v 为已访问。
步骤 3：将 v 的邻接顶点逐个放入队列 Q。
步骤 4：如果 Q 非空，转步骤 1；否则，遍历结束。

例 8.2　以 V_0 为起点，广度优先遍历图 8.6。

图的广度遍历从源点出发，逐步遍历当前顶点的邻居顶点，其过程如图 8.8 所示。

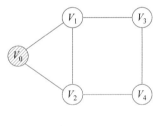 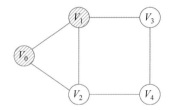 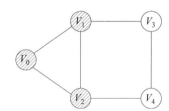

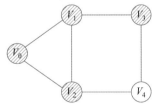 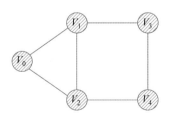

图 8.8　广度优先遍历过程

广度优先遍历结果：

$$V_0、V_1、V_2、V_3、V_4$$

完整代码如下。

```cpp
void Graph::graph_bfs(int vs){
    for(int i =0; i <vexNum; i ++){
        visited[i] =false;
    }
    //bfs
    que.push(vs);
    visited[vs] =true;
```

```
while(!que.empty()){
    int h =que.front();
    que.pop();
    cout<<"V"<<h<<" ";
    for(int i =0;i <vexNum; i ++){
        if(arc[h][i] !=0 && !visited[i]){
            que.push(i);
            visited[i] =true;
        }
    }
}
}
```

8.3.3　图的连通性和连通分量

在无向图 G 中,如果从顶点 v 到顶点 w 存在一条路径,则称 v 和 w 是连通的。如果对于图中任意两个顶点 V_i、$V_j \in V$ 都是连通的,则称 G 是连通图。

与图连通性有关的概念如下。

连通分量求解

(1) 强连通图:在有向图 G 中,如果对于任意 V_i、$V_j \in V$,且 $V_i \neq V_j$,都存在从 V_i 到 V_j 的路径和从 V_j 到 V_i 的路径,则称 G 是强连通图。

(2) 极大连通子图:连通图只有一个极大连通子图,即其自身;非连通图有多个极大连通子图,在极大连通子图中加入一个不在子图的顶点的点都会导致该子图不再连通。

(3) 分量:非连通图的若干连通部分称为分量。

(4) 连通分量:无向图中的极大连通子图称为连通分量。

(5) 强连通分量:有向图中的极大强连通子图称为强连通分量。

例 8.3　求如图 8.9 所示图的连通分量。

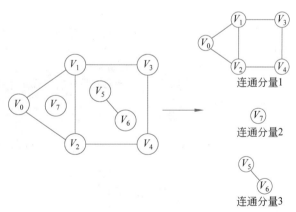

图 8.9　图的连通分量

确定一个图中的连通分量可以按照如下过程进行。

选定一个顶点 V,从 V 开始进行图的深度或者广度优先遍历,如果遍历访问顶点的数量小于图的顶点数量,说明该图不是一个连通图,还存在其他的连通分量。然后,从其他未被访问的顶点集合中选择一个顶点进行遍历,直到所有的顶点都被访问。

完整代码如下。

```cpp
//遍历起始顶点 vs
//sub: 记录顶点 v 所属的连通子图
//visitedVexNum: 已访问顶点数量
//curSub: 当前连通分量的编号
void Graph::dfs(int vs,int * sub,int &visitedVexNum, int curSub){
    sub[vs] = curSub;              //vs 属于当前连通分量
    visitedVexNum ++;
    for(int i = 0; i < vexNum; i ++){
        if(arc[vs][i] != 0 && sub[i] == 0){
            dfs(i, sub, visitedVexNum, curSub);
        }
    }
}

void Graph::connectSubGraph(){
    int subGraph[vexNum];
    int subGraphNum = 0;
    for(int i = 0; i < vexNum; i ++){
        subGraph[i] = 0;
    }
    int visVexNum = 0;
    int curSub = 1;
    int start = 0;
    while(true){
        //找到一个不属于任何连通分量的顶点 start,说明存在连通分量
        for(int i = 0; i < vexNum; i ++){
            if(subGraph[i] == 0){
                start = i;
                break;
            }
        }
        //深度优先遍历以 start 为起始顶点的连通分量
        dfs(start, subGraph, visVexNum, curSub);
        //如果已访问顶点数量<图的顶点数量,说明存在另外的连通分量,连通分量的编号+1
        if(visVexNum < vexNum){
            curSub ++;
        }else{
            break;
        }
    }
    printConnectSubGraph(curSub, subGraph);
}

void Graph::printConnectSubGraph(int connectNum,int * sub){
    int cnt = 1;
    while(cnt <= connectNum){
        cout<<"connect sub "<<cnt <<endl;
```

```
        for(int i =0; i <vexNum; i ++){
            if(sub[i] ==cnt){
                cout<<"V"<<i<<" ";
            }
        }
        cout<<endl;
        cnt ++;
    }
}
```

运行结果：

```
connect sub 1
V0 V1 V2 V3 V4
connect sub 2
V5 V6
connect sub 3
V7
```

◈ 8.4　图的最小生成树

8.4.1　最小生成树的基本概念

连通图的生成树是包含图中全部顶点的一个极小连通子图。若图中顶点数为 n，则生成树含有 $n-1$ 条边。对生成树而言，若删除一条边，则会变成非连通图，若加上一条边则会形成回路。

对于一个带权连通无向图 $G=(V,E)$，可以生成多个生成树，由于不同生成树的边集不同，每棵树中边的权值之和也可能不同。如果 T 为图 G 所有生成树中边的权值之和最小的生成树，则 T 称为 G 的最小生成树（Minimum Spanning Tree，MST）。

最小生成树可能有多个，但边的权值之和总是唯一且最小的。如果一个连通图本身就是一棵树，则其最小生成树就是其本身，只有连通图才有生成树，非连通图只有生成森林。

求解图的最小生成树的算法主要是普里姆（Prim）算法和克鲁斯卡尔（Kruskal）算法。

8.4.2　普里姆算法

Prim 算法：从某一个顶点开始构建生成树，每次将代价最小的新顶点纳入生成树，直到所有顶点都纳入为止。

Prim 算法的主要步骤如下。

Prim 算法

步骤 1：设 $G=(V,E)$ 是连通图，$T=(U,D)$ 是最小生成树，V,U 是顶点集合，E,D 是边的集合。
步骤 2：从顶点 u 开始构造最小生成树，从集合 V 中取出顶点 u 放入集合 U 中，标记顶点 u 的 visited[u] =1。
步骤 3：若集合 U 中顶点 ui 与集合 $V-U$ 中的顶点 v_j 之间存在权值最小的边，且不构成回路，则将顶点 v_j 加入集合 U 中，将 (u_i,v_j) 加入集合 D 中，标记 visited[v_j] =1。
步骤 4：重复步骤 2 和 3，直到 U 与 V 相等，即所有顶点都被标记为访问过，此时 D 中有 n -1 条边。

例 8.4 利用 Prim 算法构造如图 8.10 所示的最小生成树。

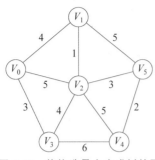

图 8.10 待构造最小生成树的图

定义数组 lowcost[]，记录未进入生成树的顶点 i 距离生成树的最小代价，当顶点 k 被加入生成树中后，更新 lowcost$[i]=\min\{$lowcost$[i]$, arc$[k][i]\}$，并以 lowcost$[i]=0$ 标识顶点 i 已位于生成树中。定义数组 adjvex[]，置 adjvex$[i]=k$ 表示顶点 i 连接的生成树中的顶点 k。

下面按照 Prim 算法步骤对图 8.10 进行操作。

（1）初始化。从顶点 V_0 开始构造最小生成树，置 lowcost$[i]=$ arc$[0][i]$，adjvex$[i]=0$，如图 8.11 所示。

（2）从 lowcost 中选取最短的边 (V_0, V_3) 加入生成树。

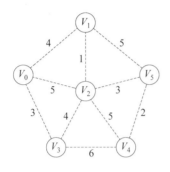

顶点	V_0	V_1	V_2	V_3	V_4	V_5
lowcost	0	4	5	3	∞	∞
adjvex	0	V_0	V_0	V_0	0	0

图 8.11 初始化

置 lowcost[3]=0，并更新与顶点 V_3 直接相连的顶点 V_2、V_4 的 lowcost，如图 8.12 所示。

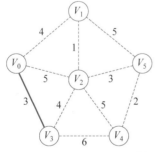

顶点	V_0	V_1	V_2	V_3	V_4	V_5
lowcost	0	4	4	0	6	∞
adjvex	0	V_0	V_3	V_0	V_3	0

图 8.12 将 (V_0, V_3) 加入生成树

（3）从 lowcost 中选取最短的边 (V_0, V_1) 加入生成树。置 lowcost[1]=0，并更新与顶点 V_1 直接相连的顶点 V_2、V_5 的 lowcost，如图 8.13 所示。

（4）从 lowcost 中选取最短的边 (V_1, V_2) 加入生成树。置 lowcost[2]=0，并更新与顶点 V_2 直接相连的顶点 V_4、V_5 的 lowcost，如图 8.14 所示。

（5）从 lowcost 中选取最短的边 (V_2, V_5) 加入生成树。置 lowcost[5]=0，并更新与顶点 V_5 直接相连的顶点 V_4 的 lowcost，如图 8.15 所示。

（6）从 lowcost 中选取最短的边 (V_5, V_4) 加入生成树，此时最小生成树构建完毕，如图 8.16 所示。

完整代码如下。

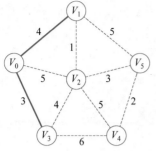

图 8.13 将 (V_0, V_1) 加入生成树

顶点	V_0	V_1	V_2	V_3	V_4	V_5
lowcost	0	0	1	0	6	5
adjvex	0	V_0	V_1	V_0	V_3	V_1

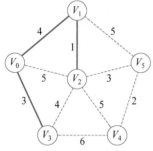

图 8.14 将 (V_1, V_2) 加入生成树

顶点	V_0	V_1	V_2	V_3	V_4	V_5
lowcost	0	0	0	0	5	3
adjvex	0	V_0	V_1	V_0	V_2	V_2

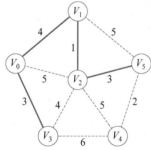

图 8.15 将 (V_2, V_5) 加入生成树

顶点	V_0	V_1	V_2	V_3	V_4	V_5
lowcost	0	0	0	0	2	0
adjvex	0	V_0	V_1	V_0	V_5	V_2

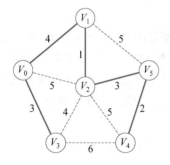

图 8.16 构建完毕

顶点	V_0	V_1	V_2	V_3	V_4	V_5
lowcost	0	0	0	0	0	0
adjvex	0	V_0	V_1	V_0	V_5	V_2

```
#define MAXVAL 65535

void Graph::MST_Prim(){
    int lowcost[vexNum];
```

```
    int adjvex[vexNum];
    lowcost[0] = 0;
    adjvex[0] = 0;
    for(int i = 1; i < vexNum; i ++){
        lowcost[i] = arc[0][i];
        adjvex[i] = 0;
    }
    for(int i = 1; i < vexNum; i ++){
        int minCost = MAXVAL;
        int k = 0;
        for(int j = 1; j < vexNum; j ++){
            if(lowcost[j] != 0 && lowcost[j] < minCost){
                minCost = lowcost[j];
                k = j;
            }
        }
        if(k != 0)
            cout << "(V" << adjvex[k] << ",V" << k << ")";
        lowcost[k] = 0;
        for(int j = 1; j < vexNum; j ++){
            if(lowcost[j] != 0 && arc[k][j] < lowcost[j]){
                lowcost[j] = arc[k][j];
                adjvex[j] = k;
            }
        }
    }
}
```

运行结果：

```
(V0,V3) (V0,V1) (V1,V2) (V2,V5) (V5,V4)
```

8.4.3 克鲁斯卡尔算法

Kruskal 算法：对于连通图 $G = (V, E)$，去掉图中所有的边，构造 n 个顶点而无边的非连通图 $T = (V, \{\})$ 成为初始生成树，此时，存在 n 个连通分量。在 E 中选择代价最小的边，若该边依附的顶点分别在 T 中不同的连通分量上，则将此边加入 T 中；否则，舍去此边而选择下一条代价最小的边。以此类推，直至 T 中所有顶点构成一个连通分量。

例 8.5 用 Kruskal 算法构造图的最小生成树。

使用 Kruskal 算法需要按照边的代价进行升序排序，可按如下结构表示边。

```
typedef struct{
    int from, to, weight;
}Edge;
```

定义数组 Edge edges[] 存储边，并调用 STL 提供的 sort 算法对边进行排序，边的大小按如下标准进行比较。

```
int edge_cmp(Edge a, Edge b){
    return a.weight <b.weight;
}
```

然后按照有序数组从左到右遍历每条边,当边的两个顶点不在同一棵树中,则加入生成树,否则不加入。直到加入的边数等于 $n-1$,算法结束。

最小生成树的构造过程如图 8.17 所示。

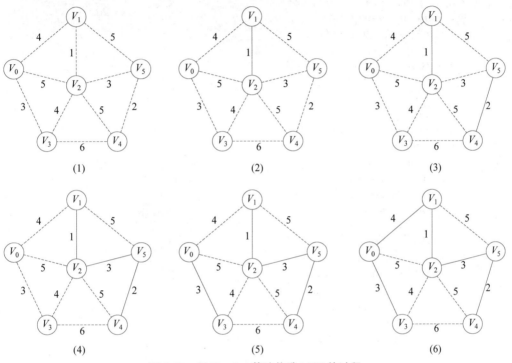

图 8.17 用 Kruskal 算法构造 MST 的过程

为了防止树中出现环,使用数组 parent[] 记录顶点之间的从属关系,其中,parent[i] 表示顶点 i 在树中的父结点,初值为 -1。对于边 (i,j),通过迭代的方式找出 i 所属树的根结点 V_1,同时找出 j 所属树的根结点 V_2,如果 $V_1=V_2$,说明顶点 i、j 在同一棵树中,边不加入生成树,否则加入生成树,如图 8.18 所示。

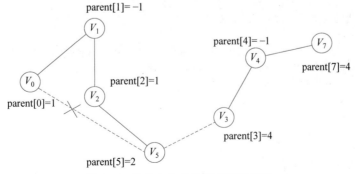

图 8.18 边的加入是否构成环的判断

图 8.18 中,考虑边(V_5,V_3),顶点 V_5 所属树的根结点为顶点 V_1,顶点 V_3 所属树的根结点为 V_4,所以此条边的加入不会产生环;而对于边(V_0,V_5),通过回溯可知,顶点 V_0、V_5 所属树的根结点都是 V_1,加入此条边会产生环,因此,选择放弃边(V_5,V_3),选择其他的边进行加入。

完整代码如下。

```cpp
//从vex迭代访问父结点,直到树的根结点
int Graph::root(int * parent, int vex){
    while(parent[vex] !=-1){
        vex =parent[vex];
    }
    return vex;
}


void Graph::MST_Kruskal(){
    Edge edges[vexNum* vexNum];
    int edgeNum =0;
    int cnt =0;
    int parent[vexNum];
    for(int i =0; i <vexNum; i ++){
        parent[i] =-1;
    }
    //利用邻接矩阵构造边集
    for(int i =0; i <vexNum; i ++){
        for(int j =0; j <vexNum; j ++){
            if(arc[i][j] !=MAXVAL){
                edges[edgeNum].from =i;
                edges[edgeNum].to =j;
                edges[edgeNum ++].weight =arc[i][j];
            }
        }
    }
    //对边按照权值进行升序排序
    sort(edges, edges +edgeNum, edge_cmp);
    //遍历每条边,如果边的两个顶点分属于不同的树则加入此边
    for(int i =0; ; i ++){
        int rt1 =root(parent,edges[i].from);
        int rt2 =root(parent,edges[i].to);
        //边的两个顶点属于不同的树
        if(rt1 !=rt2){
            cout<<"edge from:V"<<edges[i].from<<" edge to:V"<<edges[i].to<<"
            weight:"<<edges[i].weight<<endl;
            //建立顶点之间的父子关系
            parent[rt2] =rt1;
            cnt ++;
            if(cnt ==vexNum -1) break;
        }
    }
}
```

运行结果:

```
edge from: V1 edge to: V2 weight: 1
edge from: V5 edge to: V4 weight: 2
edge from: V2 edge to: V5 weight: 3
edge from: V3 edge to: V0 weight: 3
edge from: V2 edge to: V3 weight: 4
```

◆ 8.5　最短路径

8.5.1　单源最短路径算法

迪杰斯特拉(Dijkstra)算法是典型的最短路径算法,用于计算一个结点到其他所有结点的最短路径,其主要思想是以起始点为中心按照广度优先对图进行遍历,直到扩展到终点为止。

Dijkstra算法

通过 Dijkstra 计算单源最短路径需要指定起点 s,同时,通过两个集合 S 和 U 来分别记录已求出最短路径的顶点和还未求出最短路径的顶点。

初始时 S 中只有起点 s,U 中包括除 s 之外的所有顶点。然后,从 U 中找出路径最短的顶点,并将其加入 S 中,然后更新 U 中的顶点和顶点对应的路径。重复该过程直到遍历完所有顶点。

> 步骤 1: $S=\{s\}$ 表示已计算最短路径的顶点,U 表示没有计算最短路径的顶点。定义 dist 数组记录源点 s 到其他顶点 i 的距离,并用邻接矩阵进行初始化。
> 步骤 2: 从 U 中选出距离最短的顶点 k,并将顶点 k 加入 S 中;同时,从 U 中移除顶点 k。
> 步骤 3: 更新 U 中各个顶点到起点 s 的距离,通过新加入 S 的顶点 k 对其他顶点的距离进行松弛。
> 规则: $dist[i]=\min\{dist[i],dist[k]+arc[k][i]\}$。
> 步骤 4: 重复步骤 2 和 3,直到遍历完所有顶点。

例 8.6　计算如图 8.19 所示的图的单源最短路径,源点为 $s=V_0$。

用邻接矩阵初始化 dist 数组,如果 s 与其他顶点 i 直接相连,则相应的路径长度为 $dist[i]=arc[s][i]$。同时,定义数组 visited 用于区分集合 S 和 U,当顶点 i 的最短距离已经确定,则该顶点将被放入集合 S 中,通过 $visited[i]=true$ 进行标识。然后,通过广度优先的方式逐个确定顶点的最短路径,然后更新 U 集合中剩余顶点的最短路径,直到所有顶点的最短路径都被计算完毕。

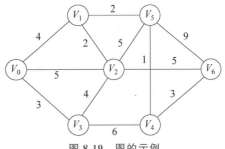

图 8.19　图的示例

过程如下。

(1) 初始化。用邻接矩阵初始化数组 dist,置源点 $visited[s]=true$,将顶点 s 放入集合 S 中,其他顶点 $i\in U$ 都初始化为 $visited[i]=false$,如图 8.20 所示。

(2) 选择 dist 最小的距离 $dist[3]$,置 $visited[3]=true$,将顶点 V_3 放入集合 S。然后更新当顶点 V_3 放入 S 后其他顶点的最短路径。显然,$dist[3]+arc[3][4]<dist[4]$,所以,将 dist

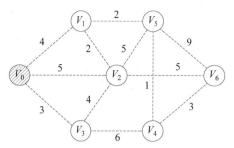

顶点	V_0	V_1	V_2	V_3	V_4	V_5	V_6
dist	0	4	5	3	∞	∞	∞
visited	true	false	false	false	false	false	false

图 8.20　初始化

[4]更新为 dist[3]＋arc[3][4]＝9，如图 8.21 所示。

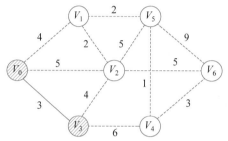

顶点	V_0	V_1	V_2	V_3	V_4	V_5	V_6
dist	0	4	5	3	9	∞	∞
visited	true	false	false	true	false	false	false

图 8.21　将 V_3 放入 S

（3）从 U 集合中选出路径最短的 dist[1]，置 visited[1]＝true，将顶点 V_1 放入集合 S。同时，更新 U 中顶点距离。加入顶点 V_1 后，dist[1]＋arc[1][5]＜dist[5]成立，置 dist[5]＝dist[1]＋arc[1][5]＝6，如图 8.22 所示。

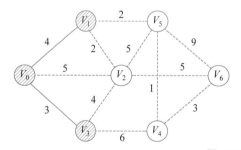

顶点	V_0	V_1	V_2	V_3	V_4	V_5	V_6
dist	0	4	5	3	9	6	∞
visited	true	true	false	true	false	false	false

图 8.22　将 V_1 放入 S

（4）从集合 U 中选择路径最短的 dist[2]，置 visited[2]＝true，将顶点 V_2 放入集合 S 中。由于 dist[2]＋arc[2][6]＜dist[6]，更新 dist[6]＝dist[2]＋arc[2][6]＝10，如图 8.23 所示。

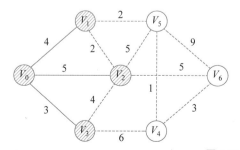

顶点	V_0	V_1	V_2	V_3	V_4	V_5	V_6
dist	0	4	5	3	9	6	10
visited	true	true	true	true	false	false	false

图 8.23　将 V_2 放入 S

（5）接下来选择顶点 V_5，置 visited[5]＝true，由于 dist[5]＋arc[5][4]＜dist[4]，更新 dist[4]＝dist[5]＋arc[5][4]＝7。

（6）接下来选择顶点 V_4 和顶点 V_6，都没有更新 dist 数组的状态。此时，所有的顶点都位于集合 S 中，算法结束，如图 8.24 所示。

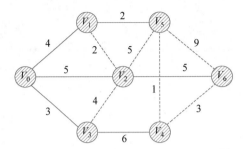

顶点	V_0	V_1	V_2	V_3	V_4	V_5	V_6
dist	0	4	5	3	7	6	10
visited	true	true	true	true	true	true	true

图 8.24　构建完毕

Dijkstra 算法的完整代码如下。

```cpp
//计算源点 s 与其他顶点的最短路径
void Graph::Dijkstra(int s){
    //定义数组,用于存在 s 到其他顶点的最短路径
    int dist[vexNum];
    //初始化
    for(int i = 0; i < vexNum; i++){
        dist[i] = MAXVAL;
        visited[i] = false;
    }
    visited[s] = true;
    for(int i = 0; i < vexNum; i++){
        dist[i] = arc[s][i];
    }
    int minVal = MAXVAL;
    int k = 0;
    for(int i = 0; i < vexNum; i++){
        minVal = MAXVAL;
        //找到未被访问的路径最短的顶点
        for(int j = 0; j < vexNum; j++){
            if(visited[j] == false && dist[j] < minVal){
                minVal = dist[j];
                k = j;
            }
        }
        visited[k] = true;
        //顶点 k 的距离确定后,松弛其他顶点计算新的路径
        for(int j = 0; j < vexNum; j++){
            if(arc[k][j] < MAXVAL){
                if(dist[k] + arc[k][j] < dist[j]){
                    dist[j] = dist[k] + arc[k][j];
                }
```

```
            }
        }
    }
    for(int i =0; i <vexNum; i ++){
        cout<<"V"<<s<<"->V"<<i<<":"<<dist[i] <<endl;
    }
    cout<<endl;
}
```

8.5.2 多源最短路径算法

Floyd 算法

Floyd 算法用于求解带权有向图中任意两顶点间的最短路径,同时也被用于计算有向图的传递闭包。

基本思路:图中一个顶点 i 到另一个顶点 j 的路径有两种,第一种是直接连接,即弧$<i,j>$的长度;第二种是间接连接,从 i 经过若干结点 k 到 j。假设 $\text{dist}(i,j)$ 为结点 i 到结点 j 的最短路径的距离,对于每个结点 k,置 $\text{dist}(i,j)=\min(\text{dist}(i,j),\text{dist}(i,k)+\text{dist}(k,j))$ 来更新 i 到 j 的最短路径。

> 步骤 1:从任意一条单边路径开始,所有两点之间的距离是边的权,如果两点之间没有边相连,则权为无穷大。
> 步骤 2:对于每一对顶点 u 和 v,看看是否存在一个顶点 w 使得从 u 到 w 再到 v 比已知的路径更短,如果有则更新。
> 步骤 3:重复步骤 2 直到所有顶点对计算完毕。

例 8.7 计算图 8.12 的多源最短路径。

(1) 初始化。dist 初始化为邻接矩阵,表示初始情况下任意两点之间的连接关系,path$[i][j]=j$,表示从顶点 i 到顶点 j 要经过 j,如图 8.25 所示。

如图 8.26 所示,对任意顶点对(V_i,V_j),计算加入一个顶点 V_k 后形成的路径是否比原路径更短。

$$\text{dist} = \begin{bmatrix} 0 & 4 & 5 & 3 & \infty & \infty & \infty \\ 4 & 0 & 2 & \infty & \infty & 2 & \infty \\ 5 & 2 & 0 & 4 & \infty & 5 & 5 \\ 3 & \infty & 4 & 0 & 6 & \infty & \infty \\ \infty & \infty & \infty & 6 & 0 & 1 & 3 \\ \infty & 2 & 5 & \infty & 1 & 0 & 9 \\ \infty & \infty & 5 & \infty & 3 & 9 & 0 \end{bmatrix} \qquad \text{path} = \begin{bmatrix} 0 & 1 & 2 & 3 & 4 & 5 & 6 \\ 0 & 1 & 2 & 3 & 4 & 5 & 6 \\ 0 & 1 & 2 & 3 & 4 & 5 & 6 \\ 0 & 1 & 2 & 3 & 4 & 5 & 6 \\ 0 & 1 & 2 & 3 & 4 & 5 & 6 \\ 0 & 1 & 2 & 3 & 4 & 5 & 6 \\ 0 & 1 & 2 & 3 & 4 & 5 & 6 \end{bmatrix}$$

图 8.25 初始化

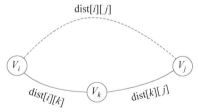

图 8.26 加入顶点 V_k 之后的路径

如果 $\text{dist}[i][j]>\text{dist}[i][k]+\text{dist}[k][j]$,更新顶点 V_i、V_j 之间的距离:$\text{dist}[i][j]=\text{dist}[i][k]+\text{dist}[k][j]$,同时置 $\text{path}[i][j]=\text{path}[i][k]$,标记顶点 V_i、V_j 新的路径要经过顶点 V_k。

(2) 加入顶点 V_0。由于 $\text{dist}[1][3]>\text{dist}[1][0]+\text{dist}[0][3]$,所以更新 $\text{dist}[1][3]=\text{dist}[1][0]+\text{dist}[0][3]=7$,新的路径经过顶点 V_0,记 $\text{path}[1][3]=\text{path}[1][0]$,如图 8.27 所示。(注意,此处只列出了 $\text{dist}[i][j]$,没有列出 $\text{dist}[j][i]$,以下相同。)

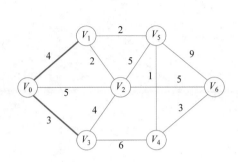

$$dist = \begin{bmatrix} 0 & 4 & 5 & 3 & \infty & \infty & \infty \\ 4 & 0 & 2 & 7 & \infty & 2 & \infty \\ 5 & 2 & 0 & 4 & \infty & 5 & 5 \\ 3 & 7 & 4 & 0 & 6 & \infty & \infty \\ \infty & \infty & \infty & 6 & 0 & 1 & 3 \\ \infty & 2 & 5 & \infty & 1 & 0 & 9 \\ \infty & \infty & 5 & \infty & 3 & 9 & 0 \end{bmatrix}$$

$$path = \begin{bmatrix} 0 & 1 & 2 & 3 & 4 & 5 & 6 \\ 0 & 1 & 2 & 0 & 4 & 5 & 6 \\ 0 & 1 & 2 & 3 & 4 & 5 & 6 \\ 0 & 0 & 2 & 3 & 4 & 5 & 6 \\ 0 & 1 & 2 & 3 & 4 & 5 & 6 \\ 0 & 1 & 2 & 3 & 4 & 5 & 6 \\ 0 & 1 & 2 & 3 & 4 & 5 & 6 \end{bmatrix}$$

图 8.27 加入顶点 V_0

（3）加入顶点 V_1。加入 V_1 可以形成新的更短的路径：$V_0 \rightarrow V_1 \rightarrow V_5$（长度为 6），$V_2 \rightarrow V_1$ $\rightarrow V_5$（长度为 4），$V_3 \rightarrow V_0 \rightarrow V_1 \rightarrow V_5$（长度为 9），如图 8.28 所示。

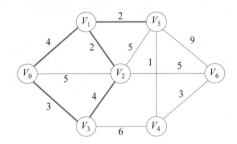

$$dist = \begin{bmatrix} 0 & 4 & 5 & 3 & \infty & 6 & \infty \\ 4 & 0 & 2 & 7 & \infty & 2 & \infty \\ 5 & 2 & 0 & 4 & \infty & 4 & 5 \\ 3 & 7 & 4 & 0 & 6 & 9 & \infty \\ \infty & \infty & \infty & 6 & 0 & 1 & 3 \\ 6 & 2 & 4 & 9 & 1 & 0 & 9 \\ \infty & \infty & 5 & \infty & 3 & 9 & 0 \end{bmatrix}$$

$$path = \begin{bmatrix} 0 & 1 & 2 & 3 & 4 & 1 & 6 \\ 0 & 1 & 2 & 0 & 4 & 5 & 6 \\ 0 & 1 & 2 & 3 & 4 & 1 & 6 \\ 0 & 0 & 2 & 3 & 4 & 0 & 6 \\ 0 & 1 & 2 & 3 & 4 & 5 & 6 \\ 1 & 1 & 1 & 1 & 4 & 5 & 6 \\ 0 & 1 & 2 & 3 & 4 & 5 & 6 \end{bmatrix}$$

图 8.28 加入顶点 V_1

（4）加入顶点 V_2。加入 V_2 可以形成更短的路径：$V_0 \rightarrow V_2 \rightarrow V_6$（10），$V_1 \rightarrow V_2 \rightarrow V_3$（6），$V_1 \rightarrow V_2 \rightarrow V_6$（7），$V_3 \rightarrow V_2 \rightarrow V_1 \rightarrow V_5$（8），$V_3 \rightarrow V_2 \rightarrow V_6$（9），如图 8.29 所示。

（5）加入顶点 V_3、V_4、V_5、V_6，形成最终的最短路径。

$$dist = \begin{bmatrix} 0 & 4 & 5 & 3 & 7 & 6 & 10 \\ 4 & 0 & 2 & 6 & 3 & 2 & 6 \\ 5 & 2 & 0 & 4 & 5 & 4 & 5 \\ 3 & 6 & 4 & 0 & 6 & 7 & 9 \\ 7 & 3 & 5 & 6 & 0 & 1 & 3 \\ 6 & 2 & 4 & 7 & 1 & 0 & 4 \\ 10 & 6 & 5 & 9 & 3 & 4 & 0 \end{bmatrix} \qquad path = \begin{bmatrix} 0 & 1 & 2 & 3 & 1 & 1 & 2 \\ 0 & 1 & 2 & 2 & 5 & 5 & 5 \\ 0 & 1 & 2 & 3 & 1 & 1 & 6 \\ 0 & 2 & 2 & 3 & 4 & 4 & 2 \\ 5 & 5 & 5 & 3 & 4 & 5 & 6 \\ 1 & 1 & 1 & 1 & 4 & 5 & 4 \\ 2 & 4 & 2 & 2 & 4 & 4 & 6 \end{bmatrix}$$

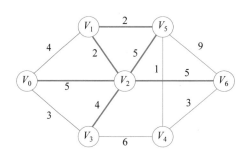

$$
\text{dist} = \begin{bmatrix}
0 & 4 & 5 & 3 & \infty & 6 & 10 \\
4 & 0 & 2 & 6 & \infty & 2 & 7 \\
5 & 2 & 0 & 4 & \infty & 4 & 5 \\
3 & 6 & 4 & 0 & 6 & 8 & 9 \\
\infty & \infty & \infty & 6 & 0 & 1 & 3 \\
6 & 2 & 4 & 8 & 1 & 0 & 9 \\
10 & 7 & 5 & 9 & 3 & 9 & 0
\end{bmatrix}
\qquad
\text{path} = \begin{bmatrix}
0 & 1 & 2 & 3 & 4 & 1 & 2 \\
0 & 1 & 2 & 2 & 4 & 5 & 2 \\
0 & 1 & 2 & 3 & 4 & 1 & 6 \\
0 & 2 & 2 & 3 & 4 & 2 & 2 \\
0 & 1 & 2 & 3 & 4 & 5 & 6 \\
1 & 1 & 1 & 1 & 4 & 5 & 6 \\
2 & 2 & 2 & 2 & 4 & 5 & 6
\end{bmatrix}
$$

图 8.29　加入顶点 V_2

顶点 V_i、V_j 之间的路径可以通过 path 矩阵进行查找，下面以 $V_1 \rightarrow V_6$ 为例说明查找过程。

通过 path[1][6]=5 说明路径 $V_1 \rightarrow V_6$ 中间存在顶点 V_5，最短路径为 dist[1][5]+dist[5][6]；然后查找 $V_5 \rightarrow V_6$ 经过的顶点 path[5][6]=4，说明 $V_5 \rightarrow V_6$ 中间加入了顶点 V_4，最短路径为 dist[1][5]+dist[5][4]+dist[4][6]；查找 $V_4 \rightarrow V_6$ 经过的顶点 path[4][6]=6，此时已到达终点，说明 $V_4 \rightarrow V_6$ 中间没有其他顶点，最终构成路径 $V_1 \rightarrow V_5 \rightarrow V_4 \rightarrow V_6$。

完整代码如下。

```cpp
//以一维数组表示二维数组
void Graph::Floyd(int * dist, int * path){
    for(int i =0; i <vexNum; i ++){
        for(int j =0; j <vexNum; j ++){
            * (dist +i * vexNum +j) =arc[i][j];
            * (path +i * vexNum +j) =j;
        }
    }
    //对于任意的顶点对 i、j,在路径中间加入顶点 k 进行松弛,计算新的路径
    //如果路径有更新,在 path 中记录新经过的顶点
    for(int i =0; k <vexNum; i ++){
        for(int j =0; i <vexNum; j ++){
            for(int k =0; i <vexNum; k ++){
                if(* (dist +i* vexNum +k) + * (dist +k* vexNum +j) < * (dist +i*
                vexNum +j)){
                    * (dist +i* vexNum +j) = * (dist +i * vexNum +k) + * (dist +k *
                    vexNum +j);
                    * (path +i * vexNum +j) = * (path +i * vexNum +k);
                }
            }
        }
    }
}
```

```
}

//打印多源最短路径
void Graph::printFloydPath(int * dist, int * path){
    for(int i =0; i <vexNum; i ++){
        for(int j =0; j <vexNum; j ++){
            if(i ==j) continue;
            cout<<"V"<<i<<"->V"<<j<<": dist:"<< * (dist +i * vexNum +j)<<"
            path:";
            int k = * (path +i * vexNum +j);
            cout<<"V"<<i<<"->V";
            //迭代访问路径中的其他顶点 k,直到 j 为止
            while(k !=j){
                cout<<k<<"->V";
                k = * (path +k * vexNum +j);
            }
            cout<<k<<endl;
        }
    }
}

int main()
{
    int vexs =7;
    Graph g(vexs);
    g.initShortestPath();
    int dist[vexs][vexs], path[vexs][vexs];
    g.Floyd((int * )dist,(int * )path);
    g.printFloydPath((int * )dist,(int * )path);
    return 0;
}
```

运行结果：

```
V0->V1: dist:4 path:V0->V1
V0->V2: dist:5 path:V0->V2
V0->V3: dist:3 path:V0->V3
V0->V4: dist:9 path:V0->V3->V4
V0->V5: dist:6 path:V0->V1->V5
V0->V6: dist:10 path:V0->V2->V6
V1->V0: dist:4 path:V1->V0
V1->V2: dist:2 path:V1->V2
V1->V3: dist:6 path:V1->V2->V3
V1->V4: dist:3 path:V1->V5->V4
V1->V5: dist:2 path:V1->V5
V1->V6: dist:6 path:V1->V5->V4->V6
V2->V0: dist:5 path:V2->V0
V2->V1: dist:2 path:V2->V1
V2->V3: dist:4 path:V2->V3
V2->V4: dist:5 path:V2->V1->V5->V4
```

```
V2->V5: dist:4 path:V2->V1->V5
V2->V6: dist:5 path:V2->V6
V3->V0: dist:3 path:V3->V0
V3->V1: dist:6 path:V3->V2->V1
V3->V2: dist:4 path:V3->V2
V3->V4: dist:6 path:V3->V4
V3->V5: dist:7 path:V3->V4->V5
V3->V6: dist:9 path:V3->V2->V6
V4->V0: dist:9 path:V4->V3->V0
V4->V1: dist:3 path:V4->V5->V1
V4->V2: dist:5 path:V4->V5->V1->V2
V4->V3: dist:6 path:V4->V3
V4->V5: dist:1 path:V4->V5
V4->V6: dist:3 path:V4->V6
V5->V0: dist:6 path:V5->V1->V0
V5->V1: dist:2 path:V5->V1
V5->V2: dist:4 path:V5->V1->V2
V5->V3: dist:7 path:V5->V4->V3
V5->V4: dist:1 path:V5->V4
V5->V6: dist:4 path:V5->V4->V6
V6->V0: dist:10 path:V6->V2->V0
V6->V1: dist:6 path:V6->V4->V5->V1
V6->V2: dist:5 path:V6->V2
V6->V3: dist:9 path:V6->V2->V3
V6->V4: dist:3 path:V6->V4
V6->V5: dist:4 path:V6->V4->V5
```

◈ 8.6 拓扑排序与关键路径

8.6.1 拓扑排序

对一个有向无环图 G 进行拓扑排序，是将 G 中所有顶点排成一个线性序列，使得图中任意一对顶点 u 和 v，若边 $<u,v> \in E(G)$，则 u 在线性序列中出现在 v 之前，这样的线性序列称为拓扑序列。简单来说，由某个集合上的一个偏序得到该集合上的一个全序，这个操作称为拓扑排序。

在现代化管理中，人们通常用有向图来描述和分析一项工程的计划和实施过程，子工程被称为活动(Activity)。以顶点表示活动、有向边表示活动之间的先后关系，这样的图被称为 AOV 网(Activity On Vertex Network)。

由 AOV 网构造出拓扑序列的实际意义是：如果按照拓扑序列中的顶点次序，在开始每一项活动时，能够保证它的所有前驱活动都已完成，从而使整个工程顺序进行，不会出现冲突的情况。

由 AOV 网构造拓扑序列的拓扑排序算法主要是循环执行以下两步，直到不存在入度为 0 的顶点为止。

(1) 选择一个入度为 0 的顶点并输出。

(2) 从网中删除此顶点及所有出边。

循环结束后,若输出的顶点数小于网中的顶点数,则输出"有回路"信息,否则输出的顶点序列就是一种拓扑序列。

该过程以入度为零来选择没有前驱的顶点进行逐次输出。算法中预设一个栈,用于保存当前出现的入度为 0 的顶点,删除顶点及以该顶点为尾的弧。由于拓扑排序中对图的主要操作是找从顶点出发的弧,并且 AOV 网在多数情况下是稀疏图,因此存储结构取选择邻接表。

例 8.8 对如图 8.30 所示的 AOV 网进行拓扑排序。

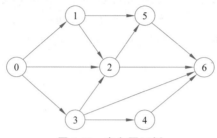

图 8.30 有向图示例

1. 邻接表结构

```
typedef struct Node{
    int vex;
    struct Node * next;
}EdgeNode;

typedef struct{
    int indgree;
    int vex;
    EdgeNode * firstAdjvex;
}AVHead;
```

对于如图 8.30 所示的 AOV,构造如图 8.31 所示的邻接表。

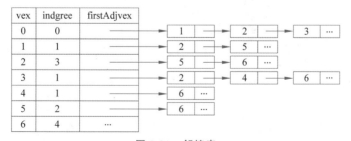

图 8.31 邻接表

2. 拓扑排序过程

(1) 遍历邻接表,将入度为 0 的顶点压入栈中。此时,栈中的元素为顶点 0。

(2) 弹出栈顶元素,即顶点 0,从表中删除从顶点 0 到达的其他顶点的边,并在邻接表中将相应顶点的入度减 1。此时,顶点 1 和顶点 3 的入度都变为 0,先后入栈。

(3) 弹出栈顶元素,即顶点 3,从表中删除从顶点 3 到达的其他顶点的边,并在邻接表中将相应顶点的入度减 1。此时,顶点 4 的入度变为 0,将顶点 4 入栈。

(4)弹出栈顶元素,即顶点 4,从表中删除从顶点 4 到达的其他顶点的边,并在邻接表中将相应顶点的入度减 1。此时,没有新的入度为 0 的顶点产生。

(5)弹出栈顶元素,即顶点 1,从表中删除从顶点 1 到达的其他顶点的边,并在邻接表中将相应顶点的入度减 1。此时,顶点 2 的入度为 0,入栈。

(6)弹出栈顶元素,即顶点 2,从表中删除从顶点 2 到达的其他顶点的边,并在邻接表中将相应顶点的入度减 1。此时,顶点 5 的入度为 0,入栈。

(7)弹出栈顶元素,即顶点 5,从表中删除从顶点 1 到达的其他顶点的边,并在邻接表中将相应顶点的入度减 1。此时,顶点 6 的入度为 0,入栈。

(8)弹出栈顶元素,即顶点 6,没有边可以删除。此时,栈为空,拓扑排序结束。出栈的顶点次序即为拓扑排序结果。

拓扑排序过程如图 8.32 所示。

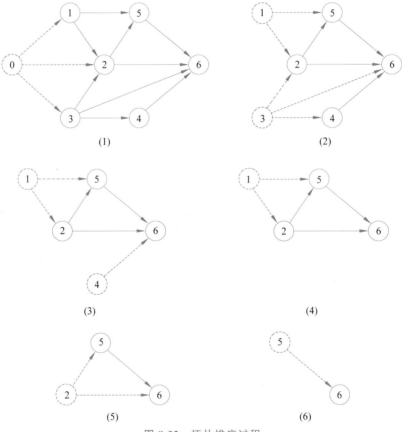

图 8.32　拓扑排序过程

完整代码如下。

```
void Graph::topoSort(){
    initTopoSort();
    AVHead head[vexNum];
    for(int i =0; i <vexNum; i ++){
```

```
            head[i].vex = i;
            head[i].indgree = 0;
            head[i].firstAdjvex = NULL;
        }
    for(int i = 0; i < vexNum; i ++){
        for(int j = 0; j < vexNum; j ++){
            if(arc[i][j] == 1){
                EdgeNode * en = new EdgeNode();
                en->vex = j;
                en->next = head[i].firstAdjvex;
                head[i].firstAdjvex = en;
                head[j].indgree ++;
            }
        }
    }

    queue<AVHead * > que;
    for(int i = 0; i < vexNum; i ++){
        if(head[i].indgree == 0){
            que.push(&head[i]);
        }
    }
    while(!que.empty()){
        AVHead * h = que.front();
        que.pop();
        cout<<h->vex<<" ";
        while(h->firstAdjvex != NULL){
            EdgeNode * en = h->firstAdjvex;
            head[en->vex].indgree --;
            if(head[en->vex].indgree == 0){
                que.push(&head[en->vex]);
            }
            h->firstAdjvex = en->next;
        }
    }
}

int main(){
    int vexs = 7;
    Graph g(vexs);
    g.initTopoSort();
    g.topoSort();
    return 0;
}
```

8.6.2　关键路径

边活动(Activity On Edge,AOE)网是指用带权的边集表示活动,用顶点表示事件的有向图,而用边权表示活动完成需要的时间。在 AOE 网中仅有一个入度为 0 的顶点,称为开始顶点(源点),它表示整个工程的开始;网中也仅存在一个出度为 0 的顶点,称为结束顶点 (汇点),它表示整个工程的结束。

在 AOE 网中,有些活动是可以并行进行的。从源点到汇点的有向路径可能有多条,并 且这些路径长度可能不同,完成路径上的活动所需时间虽然不同,但是只有所有路径上的活 动都完成了,整个工程才能算是结束了。因此,从源点到汇点的所有路径中,具有最大路径 长度的路径称为关键路径,关键路径上的活动称为关键活动。

AOE 网具有以下两种性质:①只有在某顶点所代表的事件发生后,从该顶点出发的各 有向边所代表的活动才能开始;②只有在进入某一顶点的各有向边所代表的活动都已经结 束时,该顶点所代表的事件才能发生。

下面给出在寻找关键活动时所用到的变量定义。

(1) 事件 v_k 的最早发生时间 $ve[k]$。

指从开始顶点 v 到 v_k 的最长路径长度,决定了所有从 v_k 开始的活动的最早开工时间, 计算公式为

$$ve[k] = \begin{cases} 0, & k = 0 \\ \max_i\{ve[i] + len<v_i, v_k>\}, & k \neq 0 \text{ 且 } <v_i, v_k> \in E \end{cases}$$

注意:$len<v_i, v_k>$ 表示弧 $v_i \rightarrow v_k$ 的长度,$ve[k]$ 的计算是按从前往后的顺序进行的。

(2) 事件 v_k 的最迟发生时间 $vl[k]$。

在不推迟整个工程完工的前提下,事件 v_k 最迟必须发生的时间,计算公式为

$$vl[k] = \begin{cases} ve[k] & k = n-1 \\ \min_j\{vl[j] - len<v_k, v_j>\} & k < n-1 \text{ 且 } <v_k, v_j> \in E \end{cases}$$

注意:$vl[k]$ 是按从后往前的顺序来计算的。

(3) 活动 a_i 的最早开始时间 $e[i]$。

即活动 a_i 起点所表示的事件最早发生时间。如果 $<v_k, v_m>$ 表示活动 a_i,则有 $e[i] = ve[k]$。

(4) 活动 a_i 的最迟开始时间 $l[i]$。

即活动 a_i 的终点所表示的事件最迟发生时间与活动 a_i 的时间之差。如果 $<v_k, v_m>$ 表示活动 a_i,则有 $l[i] = vl[m] - len<v_k, v_m>$。

(5) 关键活动。

记活动 a_i 的最迟开始时间和最早开始时间之差为 $d[i] = l[i] - e[i]$,表示活动 a_i 完 成的时间余量,是在不增加完成整个工程所需的总时间的情况下,活动 a_i 可以拖延的时间。 如果一个活动的时间余量为 0 时,说明该活动必须要如期完成,否则就会拖延完成整个工程 的进度。所以称 $d[i] = 0$ 的活动 a_i 是关键活动。

求关键路径的算法步骤如下。

步骤 1:求 AOE 网中所有事件的最早发生时间 ve。
步骤 2:求 AOE 网中所有事件的最迟发生时间 vl。
步骤 3:求 AOE 网中所有活动的最早开始时间 e。
步骤 4:求 AOE 网中所有活动的最迟开始时间 l。
步骤 5:求 AOE 网中所有关键活动,构成关键路径。

例 8.9　求如图 8.33 所示的关键路径。

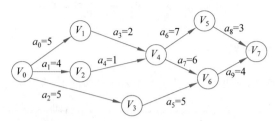

图 8.33　AOV 图示例

（1）事件最早发生时间 ve，如表 8.1 所示。

表 8.1　事件最早发生时间 ve

顶　点	V_0	V_1	V_2	V_3	V_4	V_5	V_6	V_7
ve	0	5	4	5	7	14	13	17

（2）事件最晚发生时间 vl，如表 8.2 所示。

表 8.2　事件最晚发生时间 vl

顶　点	V_0	V_1	V_2	V_3	V_4	V_5	V_6	V_7
ve	0	5	4	5	7	14	13	17
vl	0	5	6	8	7	14	13	17

（3）活动的最早开工时间 e，如表 8.3 所示。

表 8.3　活动的最早开工时间 e

活动	a_0	a_1	a_2	a_3	a_4	a_5	a_6	a_7	a_8	a_9
e	0	0	0	5	4	5	7	7	14	13

（4）活动的最晚开工时间 l，如表 8.4 所示。

表 8.4　活动的最晚开工时间 l

活动	a_0	a_1	a_2	a_3	a_4	a_5	a_6	a_7	a_8	a_9
e	0	0	0	5	4	5	7	7	14	13
l	0	2	3	5	5	8	7	7	14	13

显然，活动 a_0、a_3、a_6、a_7、a_8、a_9 是关键活动，构成如图 8.34 所示的两条关键路径。

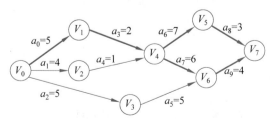

图 8.34　关键路径

◆ 8.7　能 力 拓 展

8.7.1　迷宫最短路径求解

指定起点 S 和终点 T，求出 S 到 T 的最短路径，如图 8.35 所示。

S	0	0	1	0	0	0	0
0	1	0	1	0	1	0	1
0	1	0	0	0	1	0	1
0	1	0	1	1	1	0	1
0	1	0	1	1	0	0	0
0	1	1	0	0	0	1	1
0	0	0	0	1	0	1	1
1	1	1	0	0	0	0	T

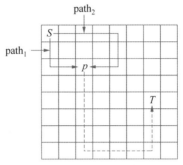

图 8.35　迷宫问题示例

一般来说，一个迷宫中存在多条从 S 到 T 的路径，可以通过深度遍历的方式找出每条路径，然后选择最短的路径。这种深度优先的搜索策略在搜索过程、路径存储上比较复杂，效率相对低下。

记迷宫中每个位置为路径上的一个结点，广度优先遍历方式可以一次性找出当前结点 p 的后续所有可通过结点集合 P，P 中的每个结点 x 都是第一次被访问，即当结点 x 被访问到时所经历的迭代次数即为 S 到 x 的最短路径。

如图 8.35 所示，从 S 出发，沿 path$_1$ 和 path$_2$ 都可以到达结点 p，因为路径 path$_1$ 比path$_2$ 短，所以按照广度优先的方式沿着 path$_1$ 会先于 path$_2$ 到达 p，即从 S 沿着最短路径会最先访问到指定结点 p，当 p 为终点时，问题得解。

为了保持结点访问的先后次序，在遍历的过程中通过结点 p_1 进行广度优先访问到的可通行邻居结点集合中的任意结点 p，记录其上一个结点为 p_1。相应的路径结点结构为

```cpp
#include <iostream>
#include <stack>
#define ROW 8
#define COL 8
using namespace std;

//记录路径上结点信息
typedef struct{
    int index;              //当前点在路径结点数组中的位置
    int parent_idx;         //当前经过点的上一个点在路径结点数组中的位置
    int x,y;                //当前点的坐标
}PathNode;

//迷宫中每个点第一次出现时放入数组,为后续查找路径提供信息
PathNode path[ROW * COL];
```

为防止结点在遍历的过程中被重复访问,定义数组表示结点是否被访问。

```
//已访问数组,表示每个点是否已被访问
bool vis[ROW][COL] ={false};
```

对于当前结点 $p(x, y)$,其可以搜索的邻居按照上、下、左、右 4 个方向进行搜索,方向矢量描述如下。

```
//方向结构体
typedef struct{
    int xstep, ystep;
}Dir;
//上、下、左、右 4 个方向的步进矢量
Dir dir[4] ={{-1,0},{0,-1},{1,0},{0,1}};
```

当选择一个方向进行搜索时,新的坐标需要按照如下方式判断是否在迷宫范围内。

```
//判断坐标(x, y)是否在迷宫范围内
bool validate(int x, int y){
    return x >=0 && x <ROW && y >=0 && y <COL;
}
```

对于结点 p,搜索 4 个方向,如果新的结点坐标在迷宫范围内,而且可以通行且未被访问,则将其放入路径数据 path 内,并置该结点已被访问。

具体的 BFS 代码如下。

```
//寻找以(sx, sy)为起点,(ex, ey)为出口的迷宫路径
//使用图的广度优先遍历 BFS,从起点开始逐层往外扩展,直到出现出口坐标
void findShortestPath(int sx, int sy, int ex, int ey){
    PathNode pn;
    int idx =0;
    int cnt =0;
    //初始化,生成开始结点信息,并放入路径数组中
    pn.parent_idx =-1;
    pn.x =sx;
    pn.y =sy;
    pn.index =0;
    vis[pn.x][pn.y] =true;
    path[cnt ++] =pn;
    while(true){
        //找出队列中未访问的第一个元素
        PathNode node =path[idx ++];
        //搜索 4 个方向,形成下一步可以通过的坐标
        for(int j =0; j <4; j ++){
            int newx =node.x +dir[j].xstep;
            int newy =node.y +dir[j].ystep;
            //如果下一步坐标合法、未被访问且可以通过
            if( validate(newx, newy) && !vis[newx][newy] && maze[newx][newy] ==0){
```

```
                    //生成新的路径结点
                    PathNode pn;
                    pn.x =newx;
                    pn.y =newy;
                    pn.parent_idx =node.index;
                    pn.index =cnt;
                    //如果新的结点为出口,确定路径并返回
                    if(newx ==ex && newy ==ey) {
                        identifyPath(pn);
                        return;
                    }
                    //将新的结点放入路径数组中
                    path[cnt ++] =pn;
                    //置该结点为已被走过
                    vis[newx][newy] =true;
                }
            }
            //如果遍历完所有的结点都没有找到出口,说明没有路径
            if(idx ==cnt) {
                cout<<"no solution"<<endl;
                break;
            }
        }
    }
```

当遍历完成,所有结点按照被访问的顺序放入路径结点数组 path 内,需要按照从路径最后一个结点开始,通过结点的 parent_idx 逐步迭代访问前一个结点并入栈,直到 parent_idx＝－1,表示到达起始点 S,然后反向输出结点信息。

```
//根据出口结点反向查找路径
void identifyPath(PathNode node) {
    stack<PathNode>s;
    int skips =0;
    //从最后一个结点逐次入栈,反向找到最短路径上的每个点
    while(true) {
        s.push(node);
        if(node.parent_idx ==-1) break;
        node =path[node.parent_idx];
    }
    cout<<"path:"<<endl;
    while(!s.empty()) {
        node =s.top();
        s.pop();
        cout<<"("<<node.x<<","<<node.y<<")";
        if(!s.empty()) {
            skips ++;
            cout<<"->";
        }
```

```
    }
    cout<<endl;
    cout<<"path length:"<<skips<<endl;
}
```

测试：

```
int maze[ROW][COL] = {
    {0,0,0,1,0,0,0,0},
    {0,1,0,1,0,1,0,1},
    {0,1,0,0,0,1,0,1},
    {0,1,0,1,1,1,0,1},
    {0,1,0,1,1,0,0,0},
    {0,1,1,0,0,0,1,1},
    {0,0,0,0,1,0,1,1},
    {1,1,1,0,0,0,0,0}
};

int main()
{
    findShortestPath(0,0,ROW -1, COL -1);
    return 0;
}
```

运行结果：

```
path:
(0,0)->(1,0)->(2,0)->(3,0)->(4,0)->(5,0)->(6,0)->(6,1)->(6,2)->(6,3)->(7,
3)->(7,4)->(7,5)->(7,6)->(7,7)
path length: 14
```

8.7.2　解不等式

有 n 个未知整数，每个未知数的值不小于1，给定 m 组大小关系 $<a,b>$ 表示 $a>b$。请求出符合所有关系的一组最优正整数解，即所有未知数都取得尽可能小的正整数值。

解题思路：对于关系 $<a,b>$，如果 b 的值已经确定，那么 a 最小的取值是 $b+1$；对于多组关系 $<a,b>$、$<a,c>$，那么 y 的最小值为 $\max(b,c)+1$，同理可以推广到多个关系当中。

将 $<a,b>$ 建模成以顶点 b 为弧尾指向顶点 a 的一条长度为 1 的弧；为求得每个未知整数都是最小正整数(≥1)的解，将入度为 0 的顶点代表的未知数指定为 1，其他顶点当存在关系 $<i,j>$ 时，$ans[i]=\max\{ans[i],ans[j]+1\}$。

最后，对所有顶点进行拓扑排序，如果图中没有环则输出解；否则，输出 -1。

示例 1：$n=3$，关系 $<1,2>$、$<1,3>$，可以建模为如图 8.36(a)所示的有向图。

示例 2：$n=3$，关系 $<1,2>$、$<2,3>$、$<3,1>$，可以建模为如图 8.36(b)所示的有向图。

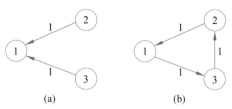

图 8.36　不同关系建模的有向图

显然，对于示例 1，存在一组最优解：顶点 1、2、3 代表的未知数分别为 2、1、1；对于示例 2，因为存在环，所以不存在解。

完整代码如下。

```cpp
#include <iostream>
#include <vector>
#include <queue>

using namespace std;
int n, m;

int main() {
    cin >>n >>m;
    vector<int>adj[n +1];                  //邻接表存图
    vector<int>in(n +1), ans(n +1);        //n个顶点入度和未知数的解
    for(int i =0; i <m; i ++) {
        int u, v;
        cin >>u >>v;
        //建立 v->u 的弧
        adj[v].push_back(u);
        in[u] ++;
    }

    //拓扑排序
    queue<int>q;
    for(int i =1; i <=n; i ++) {
        if(!in[i]) {
            q.push(i);
            ans[i] =1;                      //入度为 0,置该未知数为最小值 1
        }
    }

    int inseq =n;                           //入队的点数
    while(!q.empty()) {
        int u =q.front(); q.pop();
        inseq --;
        for(auto v : adj[u]) {
            in[v] --;
            if(!in[v]) {                     //入度为 0 入队列
                q.push(v);
                ans[v] =max(ans[v], ans[u] +1);
```

```
        }
      }
    }

    if(inseq) {                                //若还有点未入队说明无解
        cout <<-1 <<'\n';
    }
    else {
        for(int i =1; i <=n; i ++) {
            cout <<ans[i] <<" ";
        if(i ==n){
            cout<<endl;
        }
      }
    }

    return 0;
}
```

◆ 习 题

1. 最短路径。

小朋友 Alice 想去找 Bob 玩,Alice 需要从家附近的公交站搭乘公交车前往 Bob 家玩,总共有 n 个公交站(编号为 $1 \sim n$)。从某个公交站可以前往另外的公交站,该路线不一定可逆,Alice 从 x 号公交站出发,到达 Bob 家附近的公交站,Bob 家附近有 k 个公交站为 a_1,a_2,$\cdots$,a_k,从一个公交站前往另外一个公交站需要消耗时间。现在请你帮 Alice 计算从自家出发到 Bob 家附近,然后再从 Bob 家附近的车站回家耗时最短是多少,只需要考虑在公交车上的时间。如果无法到达 Bob 家并回家,输出 -1。

输入样例:

```
7 10 2 (分别表示站点数、路线数量、Bob 家附近的站点数)
1      (表示 Alice 家附近的站点 x)
6 7    (表示 Bob 家附近的站点编号)
1 2 3
2 3 2
3 4 2
2 6 4
1 3 4
3 7 1
4 6 2
7 2 4
4 2 5
6 1 4
```

输出样例:

```
9
```

2. 道路修复。

有一座巨型城市的某些道路被星际怪兽破坏了,导致城市内部的地点间无法相互沟通,该城市有 n 个地点,编号为 $1\sim n$,并且有些地点之间有道路连接(道路是双向的)。由于时间紧迫,你需要协助该城市的管理人员,修复最少的道路数量,使得该城市内的任意地点之间能够相互到达。

输入格式:

第 1 行两个整数 n,m 分别代表城市数量和道路数。

第 2 $\sim m+1$ 行每行两个整数 u,v 代表城市 u,v 之间有一条道路。

输出格式:

一行一个整数

样例输入♯1:

```
3 1
1 2
```

样例输出♯1:

```
1
```

3. 最小生成树。

给定有 n 个点的图,图中有 m 条边,每条边有边权 w,请求出最小生成树的代价。

输入格式:

第一行 n,m 分别代表点数与边数。

接下来 m 行每行三个整数 u,v,w 代表一条边。

输出格式:

一行一个整数

样例输入♯1:

```
4 5
1 2 2
1 3 2
1 4 3
2 3 4
3 4 3
```

样例输出♯1:

```
7
```

4. 最短路与最长路。

给定一个有 n 个顶点的图,有 m 条单向边,每条边有权重 w,保证图没有环且连通。给定一个起点 s,求从 s 到其他点的最小距离与最大距离,若无法到达,输出"no"。

输入格式:

第一行 n,m 分别代表点数与边数。

接下来 m 行每行三个整数 u,v,w 代表一条边。

接下来一个整数 s 代表起点。

输出格式:

输出从起点到 $1{\sim}n$ 每个点的最小距离和最大距离,若无法到达输出"no"。

样例输入♯1:

```
3 2
1 2 1
1 3 -1
1
```

样例输出♯1:

```
0 0
1 1
-1 -1
```

5. 最小数位和。

给定一个正整数 n,求所有 n 的倍数中,数位和的最小值。

输入格式:

```
一行一个整数 n
```

输出格式:

```
一行一个整数
```

样例输入♯1:

```
6
```

样例输出♯2:

```
3
```

6. 矩阵操作。

给定一个矩阵,矩阵内所有元素均为 0 或 1。请问是否可以通过执行交换任意两行或者两列的操作无穷次使得主对角线上所有元素都为 1?

输入格式:

第一行一个数字 T,表示数据组数。每一组数据的第一行为一个整数,代表方阵大小

n，接下来 n 行每行 n 个整数，代表该矩阵内元素的值。

输出格式：

每组数据输出一行字符串，若能实现则输出"Yes"，否则输出"No"。

输入样例：

```
1
3
1 0 0
1 1 0
0 0 1
```

输出样例：

```
Yes
```

7. k 步之后的位置。

给定一个有向图，每个结点有唯一的父结点。现回答 q 个询问，每个询问给出两个参数 x，k，代表从 x 出发走 k 步之后所在的位置。

输入格式：

第一行一个数字 n，代表此图中点的个数。

接下来一行有 n 个数字，第 i 个数字 x 代表有一条从 i 到 x 的边。

第三行一个数字 q，代表 q 个询问。

接下来 q 行每行两个数字代表 x，k。

输出格式：

对每个询问输出一行，代表此询问的结果。

输入样例：

```
2
2 1
2
1 5
1 4
```

输出样例：

```
2
1
```

查　找

◆ 9.1　概　　述

在批量数据元素中找出与给定关键字相同的数据元素的过程叫作查找。其中,用于查找的数据集合称为查找表,数据元素中唯一标识该元素的值称为关键字,基于关键字的查找的结果应是唯一的。

平均查找长度:

$$ASL = \sum_{i=1}^{n} p_i c_i$$

其中,p_i 表示查找该元素的概率,c_i 表示查找到该元素的比较次数。

◆ 9.2　静态查找表

静态查找在查找过程中仅执行查找的操作,查看关键字是否在表中,或者检索关键字数据元素的各种属性。这两种操作都只是获取已经存在的一个表中的数据信息,不对表的数据元素和结构进行改变。

9.2.1　顺序查找

将待查值顺序与查找表中数据进行比较,相等即为查找成功,否则查找失败。顺序查找代码如下。

```
//x 为待查值,data 为查找表,len 为数组长度
int Sqsearch(int data[], int len, int x){
    int idx = 0;
    while(idx < len && data[idx] !=x)      //当前值和 x 不匹配,继续向后找
        idx++;
    if(idx >=n) return 0;                  //没有找到
    return i +1;                           //返回逻辑序号
}
```

顺序查找的时间复杂度为 $O(n)$。

查找成功平均长度:

$$ASL_{成功} = \frac{n+1}{2}$$

查找失败平均长度：

$$ASL_{失败} = \frac{n}{2}$$

9.2.2 折半查找

折半查找又称二分查找,每次比较数组中间的值和待查找值的大小,根据两者之间的关系确定进一步查找范围,最后确定待查找数的具体位置。折半查找要求查找表是有序的。

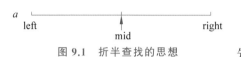

图 9.1 折半查找的思想

折半查找的思想如图 9.1 所示。

假定数组是升序排序后的数组。折半查找首先计算数组 a 中点脚标 $mid=(left+right)/2$,如果 $a[mid]<key$,说明 key 只能存在于数组的 mid 位置右侧,因此,新的查找范围为 $[mid+1,n-1]$,否则,说明出现在 mid 位置左侧,范围为 $[0,mid-1]$,如图 9.2 所示。

图 9.2 新的查找范围的确定方法

这样,通过一次操作即可将查找范围缩减一半,经历若干次二分后,可以确定 key 在数组中的位置,或者原问题被限定为一个规模为 1 的查找问题,过程如图 9.3 所示。

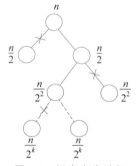

图 9.3 折半查找过程

在折半查找的过程中,当 $1 \leqslant \frac{n}{2^k} < 2$ 时,即当 $\log_2 n - 1 < k \leqslant \log_2 n$ 时,区间不可分解,k 即为查找指定元素需要最多的比较次数。因为 k 为整数,所以 $k = \lfloor \log_2 n \rfloor$。

```
//在数组 a 中查找, 待查找的数为 key, 查找范围为[left,right]
int binarySearch(int a[], int left, int right, int key){
    if(left >right) return -1;
    int mid = (left +right)/2;
    if(key ==a[mid]){
        return mid;
    }else if(key <a[mid]){
        return binarySearch(a, left, mid -1, key);      //在 mid 左侧查找
    }else{
        return binarySearch(a, mid +1, right, key);      //在 mid 右侧查找
```

```
        }
    }
```

9.2.3　分块查找

分块查找对数据进行分块存储,可以通过对分块索引进行二分查找快速确定查找位置,然后利用顺序查找在块内最终确定元素位置。分块查找又称索引顺序查找,融合了顺序查找和折半查找的优点。

分块查找的基本思想如下。

(1) 把表长为 n 的线性表分成 m 块,前 $m-1$ 块记录个数为 $t=n/m$,第 m 块的记录个数小于或等于 t。

(2) 在每一块中,结点的存放不一定有序,但块与块之间必须是分块有序的。

(3) 为实现分块检索,还需建立一个索引表。索引表的每个元素对应一个块,其中包括该块内最大关键字值和块中第一个记录位置的指针。

索引表结构如下。

```
typedef struct{
    int maxVal;
    int low,high;
}Index;
```

索引表是进行分块查找的基本结构,如图 9.4 所示。其中的 maxVal 就是描述分块中最大的值,low 和 high 指定分块的区间。

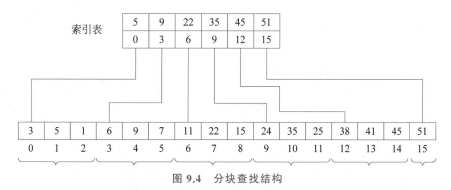

图 9.4　分块查找结构

分块查找过程如下。

1. 对索引表进行顺序或者二分查找

分块查找的存储具有块内无序、块间有序的特点,索引表中按照每块中最大值进行升序排列。对于一个目标关键字 key,如果出现在索引表中,则可以直接找到其所属的块;如果没有出现在索引表中,则找到第一个索引,其分块中的最大值大于 key。

例 9.1　查找如图 9.4 所示结构中元素 22 的位置。

通过顺序或者折半查找的方法查找索引表,可以知道 22 存储于入口位置为 6 的块中,然后在该块中进行顺序查找即可。

例 9.2 查找图 9.4 所示结构中元素 24 的位置。

顺序查找求解比较直观,现在以折半查找法进行查找。对于索引表,其块内最大值是有序的,适用于二分法查找,如图 9.5 所示。

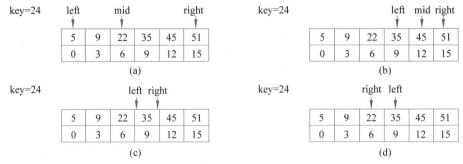

图 9.5 用折半查找方法检索索引表的过程

由于 24 并没有出现在索引表中,所以使用折半查找是失败的,出现了图 9.5(d)的情况。此时,折半查找结束,并且 left 指向了第一个比 key 大的位置,因此,key=24 只可能出现在 left 所表示的块内。

2. 在块内进行顺序查找

通过对索引表进行查找,找到关键字所在块的索引,然后在相应的块中进行查找。由于块内的数据是无序的,所以只能进行顺序查找。

分块查找只需要保持索引表有序即可开展高效的折半查找,不需要所有的元素都有序,减少了对大量数据进行排序的需求,是一种性能比较平衡的查找方法。

分块查找详细代码如下。

```cpp
int blockSearch(int a[], int n, Index idx[], int m, int key){
    int left =0, right =m -1;
    int idx_block =-1;
    while(left <=right){
        int mid =(left +right)/2;
        if(idx[mid].maxVal ==key){
            idx_block =mid;
            break;
        }else if(idx[mid].maxVal <key){
            left =mid +1;
        }else{
            right =mid -1;
        }
    }
    if(idx_block ==-1){
        idx_block =left;
    }
    for(int i =idx[idx_block].low; i <=idx[idx_block].high; i ++){
        if(a[i] ==key){
            return i;
        }
```

```
    }
    return -1;
}
```

分块查找的平均查找长度 $ASL_{成功} = L_1 + L_s$，设长度为 n 的查找表均匀地分成 b 块，每块有 s 个记录。

如果索引内查找和块内查找都使用顺序查找，则

$$ASL_{成功} = \frac{1+b}{2} + \frac{1+s}{2} = \frac{2s+bs+s^2}{2s} = \frac{2s+n+s^2}{2s} \xrightarrow{\ s=\sqrt{n}\ } \sqrt{n}+1$$

如果索引内采用折半查找，块内采用顺序查找，则

$$ASL_{成功} = \lceil \log_2(b+1) \rceil + \frac{s+1}{2}$$

◇ 9.3 动态查找表

与静态查找仅执行查找操作不同，动态查找可以对表执行插入和删除操作。动态查找表主要包括二叉排序树、平衡二叉树等。

9.3.1 二叉排序树

二叉排序树(Binary Sort Tree)又称二叉查找树(Binary Search Tree)，也称为二叉搜索树。二叉排序树或者是一棵空树，或者是具有下列特点的二叉树。

二叉排序树

> (1) 若左子树不空，则左子树上所有结点的值均小于或等于它的根结点的值。
> (2) 若右子树不空，则右子树上所有结点的值均大于或等于它的根结点的值。
> (3) 左、右子树也分别为二叉排序树。

1. 二叉排序树的特性

(1) 中序遍历的序列是递增的序列。

(2) 中序遍历的下一个结点，称为后继结点，即比当前结点大的最小结点。

(3) 中序遍历的前一个结点，称为前驱结点，即比当前结点小的最大结点。

2. 二叉排序树的构建

对于序列{15,12,6,32,27,21,16,30,28,31,35}构造二叉排序树，按照数据输入的先后顺序依次把数据 key 插入合适的位置。通过比较 key 与树根结点的值，确定 key 应该存放在左子树还是右子树，一直递归直到叶子结点位置。

完整代码如下。

```
typedef struct Node{
    int val;
    struct Node * lchild;
    struct Node * rchild;
}TreeNode;
```

```
//在树中插入值 key
TreeNode * insNode(TreeNode * root, int key){
    if(root ==NULL){
        root =new TreeNode;
        root->val =key;
        root->lchild =NULL;
        root->rchild =NULL;
        return root;
    }
    //如果比根结点上的数值小,则插入左子树
    if(key <root->val){
        root->lchild =insNode(root->lchild,key);
    }else{                  //否则,插入右子树
        root->rchild =insNode(root->rchild,key);
    }
    return root;
}


//创建二叉搜索树,根据数据输入顺序逐次调用插入操作
TreeNode * createBSTree(int * data, int len){
    TreeNode * rt =insNode(NULL,data[0]);
    for(int i =1; i <len; i ++){
        insNode(rt,data[i]);
    }
    return rt;
}
```

对于输入序列{15,12,6,32,27,21,16,30,28,31,35}可构造如图9.6所示二叉排序树。

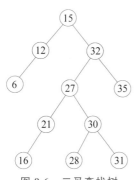

图9.6　二叉查找树

对于如图9.6所示的树,其中序遍历结果为 6、12、15、16、21、27、28、30、31、32、35,是一个有序的序列。图9.6 中序遍历顺序的先后可以决定结点之间的前驱、后继关系。如15 出现在 16 之前,说明15 是 16 的前驱、16 是 15 的后继。

3. 结点的删除

二叉查找树中结点的删除根据结点类型进行分别处理,结点类型包括叶子结点(无左右子树)、有左子树结点、有右子树结点、有左右子树结点。

对于叶子结点,可以直接删除,如图9.7 所示。

对于无右子树结点的删除,用被删除结点的左子树作为其父结点的左子树,如图9.8 所示。

对于无左子树结点的删除,用被删除结点的右子树作为其父结点的右子树,如图 9.9 所示。

对于存在左右子树的结点,用被删除结点的直接后继或者直接前驱替换被删除结点的值,然后删除位于叶子结点的前驱或者后继,如图9.10 所示。

二叉查找树的删除代码如下。

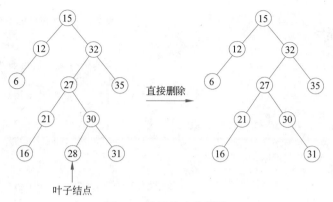

图 9.7 叶子结点的删除

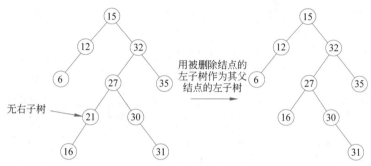

图 9.8 无右子树结点的删除

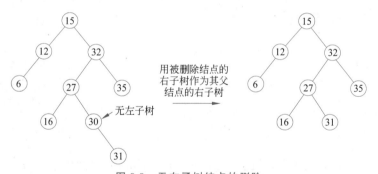

图 9.9 无左子树结点的删除

图 9.10 有左右子树结点的删除

```
TreeNode * delNode(TreeNode * root, int key){
```

```
    if(root ==NULL){                            //结点为空,说明在树中不存在 key 值的结点
        return NULL;
    }
    if(root->val ==key){                        //结点的值与 key 值相等
        if(root->lchild ==NULL && root->rchild ==NULL){
                                                //叶子结点则删除该叶子结点
            return NULL;
        }else if(root->lchild ==NULL){
                            //没有左子树,用结点的右子树作为父结点的右子树
            return root->rchild;
        }else if(root->rchild ==NULL){
                            //没有右子树,用结点的左子树作为父结点的左子树
            return root->lchild;
        }else{
            TreeNode * parent =root;
            TreeNode * child =root->rchild;
            while(child !=NULL && child->lchild !=NULL){
            //存在左右子树,找结点的直接后继结点
                parent =child;
                child =child->lchild;
            }
            root->val =child->val;              //结点的值用直接后继结点的值替换
            if(child->val <parent->val){        //删除对应的后继结点
                parent->lchild =delNode(parent->lchild,root->val);
            }else{
                parent->rchild =delNode(parent->rchild,root->val);
            }
        }
    }else if(root->val >key){
        root->lchild =delNode(root->lchild,key);
    }else{
        root->rchild =delNode(root->rchild,key);
    }
    return root;
}
```

当二叉排序树建立完毕后,最优情况下可以在 $O(\log_2 n)$ 时间内查找数据 key 是否在树中,查找过程代码如下。

```
bool doSearch(TreeNode * root, int key){
    if(root ==NULL){
        return false;
    }
    if(root->val ==key){
        return true;
    }
    else if(key >root->val){
        return doSearch(root->rchild,key);
    }else{
        return doSearch(root->lchild,key);
    }
}
```

排序二叉树的形态与序列的顺序有极大的关系,对于相同内容但顺序不同的序列{6,12,15,16,21,27,28,30,31,32,35},得到的排序二叉树是一棵右斜树,退化为线性结构,其查找的时间开销显著增加。

9.3.2 平衡二叉树

二叉排序树是一种查找效率比较高的组织形式,但其平均查找长度受树的形态影响较大,形态比较平衡时查找效率很好,形态明显偏向某一方向时其效率就大大降低。因此,构建形态总是均衡的二叉查找树是非常重要的,这就是平衡二叉排序树(Balanced Binary Tree)。平衡二叉排序树是在 1962 年由 Adelson-Velskii 和 Landis 提出的,一种高度平衡的排序二叉树,其每一个结点的左子树和右子树的高度差最多等于 1,又称 AVL 树。

平衡二叉树

一棵平衡二叉树或者是空树,或者是具有下列性质的二叉排序树。

(1) 左子树与右子树的高度之差的绝对值小于或等于 1。

(2) 左子树和右子树也是平衡二叉排序树。

平衡因子(Balance Factor):二叉树上结点的左子树的深度减去其右子树深度称为该结点的平衡因子。平衡二叉树上每个结点的平衡因子只可能是 -1、0 和 1。只要有一个结点的平衡因子的绝对值大于 1,该二叉树就不是平衡二叉树。

最小不平衡子树:距离插入结点最近的,且平衡因子的绝对值大于 1 的子树。

二叉平衡树的基本思想是:在构造二叉排序树的过程中,每当插入一个结点时,首先检查是否因插入而破坏了树的平衡性,若是因插入结点而破坏了树的平衡性,则找出其中最小不平衡树,在保持排序树特性的前提下,调整最小不平衡子树各结点之间的连接关系,以达到新的平衡。通常这样得到的平衡二叉排序树简称为 AVL 树。

AVL 树最关键的是旋转,旋转主要是为了实现 AVL 树在实施了插入和删除操作以后,树重新回到平衡的方法。对于如下 4 种二叉树形态,旋转方法如下。

1. LL 型

在左子树的左子结点插入结点导致失衡,其平衡过程如图 9.11 所示。此时,左子树的高度大于右子树的高度,需要将树进行右旋以减少左右子树高度差值。

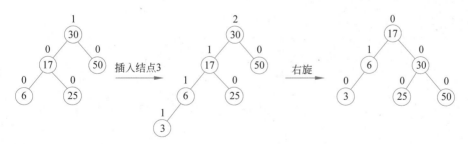

图 9.11 LL 型树的平衡过程

2. RR 型

在右子树的右子结点插入结点导致失衡,其平衡过程如图 9.12 所示。

3. LR 型

在左子树的右子结点插入结点导致失衡,其平衡过程如图 9.13 所示。

4. RL 型

在右子树的左子结点插入结点导致失衡,其平衡过程如图 9.14 所示。

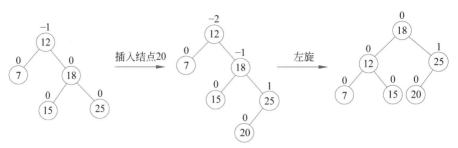

图 9.12　RR 型树的平衡过程

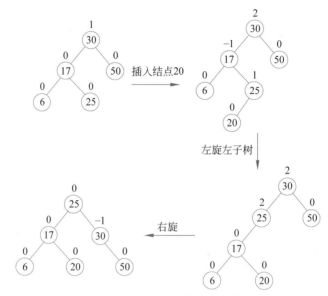

图 9.13　LR 型树的平衡过程

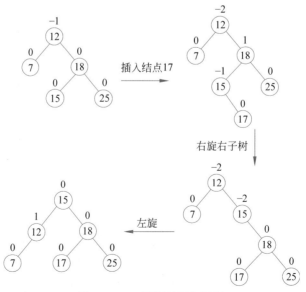

图 9.14　RL 型树的平衡过程

例 9.3　按序列{6,12,15,16,21,27,28,30}构造平衡二叉树。

平衡二叉树的构造过程如图 9.15 所示。

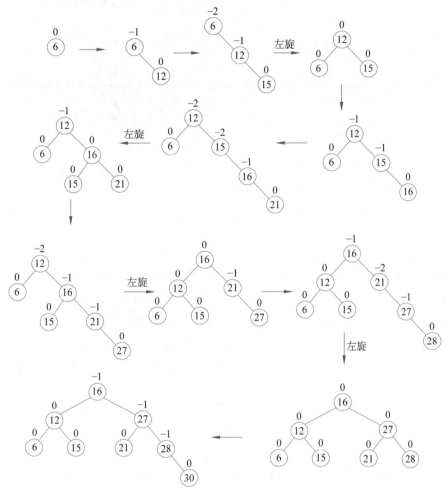

图 9.15　平衡二叉树构造过程示例

◇ 9.4　哈希查找

哈希表又称散列表,建立了关键字与存储地址之间直接映射的关系。

对于如图 9.16 所示的无序表格,查找指定学号的学生信息只能顺序查找,效率低下,其主要原因是数据存储时是随机存储。如果数据在存储时,能够根据学号计算出存储位置,在查找时也根据学号用相同的方法计算出数据的存储位置,则可以快速查找到相应的学生信息。

用于查找的关键字记为 key,查找的内容记为 value,哈希查找的主要机制是根据 key 计算信息对(key,value)在表中的入口位置,如图 9.17 所示。

在图 9.17 中,存储(2200101,"赵六")这个信息时,首先使用

学号	姓名
2200133	张三
2200225	王五
2200101	赵六
2200517	李四
...	...

图 9.16　表格示例

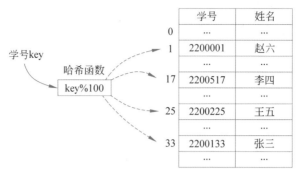

图 9.17   哈希表示例

哈希函数 key％100 计算入口位置为 1,所以该信息对就存储在脚标为 1 的入口,同理,其他三个信息对分别存储在 17、25、33 的位置。在查找时,通过提供的 key,计算 key％100 即可知道 key 在表中的入口位置,实现快速查找数据。因为在查找过程中,主要的操作是计算 key 的哈希值,与数据的规模无关,所以查找的时间开销为常数,记为 $O(1)$。

从上述过程可知,如果不同的 key 经过哈希函数的计算得到不同的入口,则能够进行有效存储提高查询效率。如果多个 key 经过哈希函数计算得到相同的入口,则发生了冲突,需要进行冲突处理。极端情况下,所有 key 经过计算都得到了相同入口,则问题退化为顺序查找,因此,寻找合适的哈希函数是整个哈希查找方法最核心的问题;其次,当冲突发生时,采用有效机制进行处理是哈希表存储的关键问题;最后,在哈希表的空间一定的情况下,随着存储数据量的提升发生冲突的概率逐步增加,因此,设置合理哈希表的负载成为另一个关键问题,评价一个哈希表的负载情况通过负载因子 $\alpha=n/m$ 进行评价,其中,n 为表中存放的记录数量,m 为表长,α 越大表示装填的记录越满,发生冲突的可能性越大。

9.4.1   哈希函数

用 $H(\text{key})$ 表示哈希函数,哈希函数需要根据实际需要进行设计。为了提高查询效率,要求函数设计不应过于复杂。

同一个哈希函数对于不同数据的散列效果是不相同的。例如,设计 $H(\text{key})=\text{key}％10$,当 key 分别为 101、111、121 时,通过 H 计算得到的结果都是 1,这样就产生了严重的冲突。如果将函数设计为 $H(\text{key})=\text{key}％100$,则对 key 为 101、111、121 的计算结果分别为 1、11、21,显然,此时散列效果要好于第一个哈希函数。

因此,哈希函数的设计应该根据实际数据特点进行设计,常用的哈希函数的设计方法为如下 6 种。

1. 直接定址法

$H(\text{key})=\text{key}$ 或者 $H(\text{key})=a\times\text{key}+b$,其中,$H(\text{key})$ 表示关键字为 key 对应的哈希地址,a 和 b 为常数。

2. 除留取余法

$H(\text{key})=\text{key}％p$,$p$ 的取值为不大于表长 m 的最大质数或者不包含小于 20 的质因数的合数。

3. 数字分析法

如果关键字由多位字符或者数字组成,就可以考虑抽取其中变化较多的若干位,避免冲突发生。

4. 平方取中法

平方取中法是对关键字做平方操作,取中间的几位作为哈希地址。

例如,对于关键字$\{213,313,315\}$,对各个关键字进行平方后的结果为$\{45369,97969,99225\}$,则可以取其中的两位$\{53,79,92\}$作为哈希表的入口地址。

5. 随机数法

取关键字的一个随机函数值作为它的哈希地址,即$H(\text{key})=\text{random}(\text{key})$,此方法适用于关键字长度不等的情况。这里的随机函数其实是伪随机函数,每个 key 对应的都是固定的$H(\text{key})$。

6. 分段叠加法

这种方法是按哈希表地址位数将关键字分成位数相等的几部分,然后将这几部分相加,舍弃最高进位后的结果就是该关键字的哈希地址。

9.4.2　处理冲突的方法

1. 开放定址法

当关键字 key 的哈希地址$k=H(\text{key})$出现冲突时,就以k为基础持续生成另一个哈希地址直到找出一个不冲突的哈希地址k',将元素存入其中。

即

$$H_i = (H(\text{key}) + \text{delta})\%m \quad (i=1,2,\cdots,n)$$

对增量 delta 的取值有如下 3 种方式。

1) 线性探测再散列

发生冲突后,顺序查看表中下一个单元,直到找到一个空闲单元,即 delta $= 1,2,3,\cdots,$ $m-1$。这种方法的缺点是容易造成大量元素在相邻的散列地址聚集的现象。

2) 二次(平方)探测再散列

发生冲突后,在表的左右进行跳跃式探测,直到找出一个空单元或查遍全表。即 delta $=$ $1^2,-1^2,2^2,-2^2,3^2,-3^2,\cdots,k^2,-k^2$,这种方法的优点是可以有效降低元素聚集现象的出现。

3) 伪随机探测再散列

发生冲突后,delta $=$ 伪随机数序列。例如,已知哈希表长度$m=11$,哈希函数为$H(\text{key})=$ key $\% 13$,则$H(17)=4,H(31)=5,H(58)=6$。如果下一个关键字为 30,则$H(30)=4$,与 17 冲突。

如果用伪随机探测再散列处理冲突,且伪随机数序列为:$2,7,10,\cdots$,则下一个哈希地址为$H_1=(4+2)\%13=5$,仍然冲突,再找下一个哈希地址为:$H_2=(4+7)\%13=12$,不再冲突,将 30 填入 12 号单元。

2. 链地址法

将$H(\text{key})$相同的数据放入散列表的同一入口,用链表相连,可以有效地解决冲突,如图 9.18 所示。

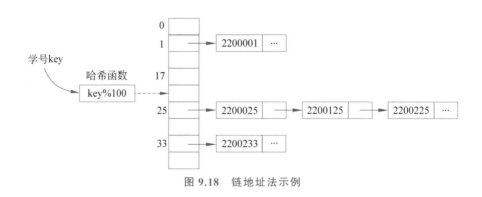

图 9.18　链地址法示例

9.5　能 力 拓 展

HashMap
的实现

　　Java 语言是一种跨平台的编程语言，因其具有非常好的开放性、易学易用的特点，得到了众多团体和个人的关注，在过去的几十年间得到了广泛的关注和发展。Java 提供的集合框架抽象层次合理，在系统开发中使用广泛，其中，HashMap 是一个重要的基于哈希实现快速查找的数据结构。这里用 C++ 语言模拟实现 Java 语言的 HashMap，作为一个重要的代码阅读与复现的任务。

　　（1）类的定义。

　　HashMap 作为一个集合容器，所存放的数据类型需要模板在使用时确定（即 Java、C♯语言中的泛型）。哈希查找的主要操作是提供关键字 key，找到相应的对象（或者结构体）。因此，定义类模板 template＜class K，class V＞，分别表示关键字 key 的类型 K 和与之对应的值的类型 V。

　　作为容器，最主要的操作是存入数据和取出数据两个操作，具体描述如下。

```cpp
template<class K,class V>
class HashMap{
private:
    int tableSize;              //哈希表的大小
    int elements;               //放入表中的元素数量
    Node<K,V> * * table;        //哈希表
    float loadFactor;           //负载因子,用于重新散列
    int hashCode(K key);        //哈希函数,对输入 key 计算在哈希表中的入口位置
    void resizeTable();         //重新散列哈希表
public:
    HashMap();
    void push(K key, V value);  //将关键字和对应的数据放入哈希表
    V get(K key);               //根据 key 找出对应的数据
};
```

　　（2）构造函数。

　　哈希表的初始大小设为 16（一般设为 2^n，方便哈希表入口数量加倍增长），然后动态分配一个指针数组，有 16 个入口，每个入口是一个指针的头，用于后续通过拉链解决冲突问

题,如图 9.19 所示。由于哈希表在存储数据的过程中可能会需要增加入口数量,所以哈希表不能静态定义,应该通过动态分配内存的方式进行定义。

```
template<class K, class V>
HashMap<K,V>::HashMap(){
    tableSize =16;
    table =new Node<K,V> *[tableSize];
    for(int i =0; i <tableSize; i ++){
        table[i] =NULL;
    }
    elements =0;
    loadFactor =0.75;
}
```

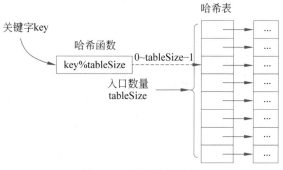

图 9.19　哈希表初始化

后续加入哈希表的结点数据包含<key,value>信息,结构定义如下。

```
template<class K,class V>
class Node{
public:
    K key;
    V value;
    Node<K,V> * next;
};
```

链表的结点由 3 个信息组成,分别为 key、value 和 next 指针。

(3) 哈希函数的设计是除留取余法,用 key 对哈希表的入口数进行取余操作,这样得到的结果为 0~tableSize-1,是哈希表的一个合法的入口位置。

```
template<class K, class V>
int HashMap<K,V>::hashCode(K key){
    return key %tableSize;
}
```

如果 key 为整数则直接使用,如果 key 为字符串等非整数类型,则定义函数将内容转换为整数,如累加字符串的 ASCII 码等。

（4）重新散列。

当放入元素数量 elements＞tableSize×loadFactor 时，说明当前负载达到了阈值，需要将表的长度扩大 1 倍。由于 tableSize 参数变大，哈希函数也随之改变，所以哈希表 table 中的元素需要重新计算入口位置，并将结点放入新表中，如图 9.20 所示。

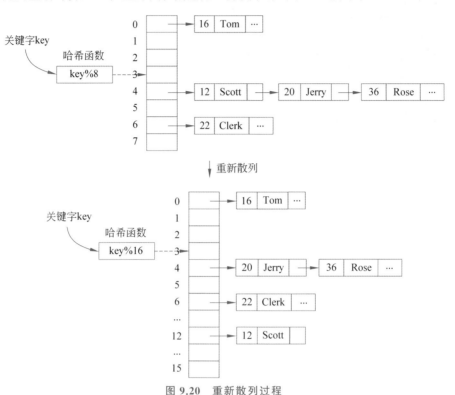

图 9.20　重新散列过程

当原哈希表中所有元素放到新表中的正确位置后，将 table 指针指向新表，回收旧表。重新散列代码如下。

```cpp
template<class K, class V>
void HashMap<K,V>::resizeTable(){
    tableSize =2 * tableSize;
    Node<K,V> * * new_table =new Node<K,V> * [tableSize];
    for(int i =0; i <tableSize; i ++){
        new_table[i] =NULL;
    }
    //rehash
    for(int i =0; i <tableSize / 2; i ++){
        while(table[i] !=NULL){
            Node<K,V> * node =table[i];
            table[i] =table[i]->next;
            int entry =hashCode(node->key);
            node->next =new_table[entry];
```

```
                new_table[entry] =node;
        }
    }
    //end
    delete * table;                      //回收原表
    table =new_table;                    //table指针指向新表
```

（5）数据存入。

给定(key,value)信息对,在将信息对放入哈希表中之前检测该数据的加入是否达到了负载因子规定的阈值,如果是则重新散列,否则找到key对应的入口直接使用头插法将信息对加入链表中。

```
template<class K, class V>
void HashMap<K,V>::push(K key,V value){
    elements ++;
    if(elements >loadFactor * tableSize){              //达到负载阈值,重新散列
        resizeTable();
    }
    //找到入口位置,将信息对插入哈希表中,此时的 table 指向的可能是扩容之后的新表
    int entry =hashCode(key);
    Node<K,V> * node =new Node<K,V>;
    node->key =key;
    node->value =value;
    node->next =table[entry];
    table[entry] =node;
}
```

（6）数据查找。

根据提供的 key 值,找到入口位置并取得链表,通过遍历链表逐个比较每个结点的 key 域是否与 key 相等,如果是则返回该结点,否则抛出异常说明没有该元素。

```
template<class K, class V>
V HashMap<K,V>::get(K key){
    int hits =0;
    int entry =hashCode(key);
    //找到 key 在哈希表中的入口
    Node<K,V> * node=table[entry];
    //遍历入口指向的链表
    while(node!=NULL){
        hits ++;
        if(key ==node->key){
            cout<<"hits after "<<hits<<" comparsion"<<endl;
            return node->value;
        }
        node=node->next;
    }
    throw "not found";
}
```

（7）测试。

用结构描述学生信息，用学生的学号（整型）作为 K 的类型，结构体 Student 作为 V 的类型。循环放入 1500 个信息对，在此期间，哈希表会经历多次重新散列。最终，仅用一次比较就查找到了 121 号学生的信息。

```cpp
typedef struct{
    int sno;
    string sname;
    int score;
}Student;

int main()
{
    HashMap<int,Student>hashMap;
    for(int i =0; i <1500; i ++){
        Student * stu =new Student;
        stu->sno =i;
        stu->sname ="Tom" +to_string(i);
        stu->score =i;
        hashMap.push(stu->sno, * stu);
    }
    try{
        Student s =hashMap.get(121);
        cout<<"Sno:"<<s.sno<<" Sname:"<<s.sname<<" score:"<<s.score<<endl;
    }catch(const char * msg){
        cout<<msg<<endl;
    }
    return 0;
}
```

运行结果：

```
hits after 1 comparsion
Sno:121 Sname:Tom121 score:121
```

◈ 习　　题

1. 一个数字，其数位从右到左排列，以 5342 为例，2 为第一位，4 为第二位，3 为第三位，5 为第四位，给你一个长度为 n 的整数 num，输出该数的第 m 个数位上的数字。

2. 小 s 正在玩乐高的积木游戏，他缺少一块高为 l 的积木，他想让你在他的积木盒里的 n 块排好序（按 1、2、…、n 排序）的积木中找出长为 l 的第一块积木并告诉他位置。

输入格式：

第一行包含整数 n 和 l（1≤n≤100,1≤n≤100），第二行包含 n 个整数 $a_1,a_2,…,a_n$（1≤a_i≤100）。

输出格式：

输出第一个 1 的位置的序号(从 1 开始),如果没有高为 1 的积木,则输出−1。

3. 同学们组队去喝可乐,买一瓶可乐,喝完后会得到一个可乐瓶,每 3 个可乐瓶可以兑换一瓶可乐。兑换来的可乐,喝完后也可以得到一个可乐瓶。所以,如果一班有 7 个人,最开始买 5 瓶可乐就够了。如果一班一共有 n 个人,那么最开始需要买多少瓶可乐?

4. 一个字符串 S 被称作超级回文串,当且仅当字符串 S 存在一个正整数 k,S 可以分为 $2k$ 个非空部分,即 $S=S_1+S_2+\cdots+S_{2k}$,且 $S_i=S_{2k-i+1}(1\leqslant i\leqslant k)$。

对于一个字符串 S,请计算 S 中有多少个子串是超级回文串。对任意 $1\leqslant\ell\leqslant r\leqslant|S|$,$S[\ell...r]$ 是 S 的一个子串。

输入格式:

单独一行表示字符串 $S(1\leqslant S|\leqslant1\times10^4)$,保证字符串中的所有字符都是小写字母。

输出格式:

输出一个单独的整数代表答案。

输入样例♯1:

```
pbbp
```

输出样例♯1:

```
2
```

输入样例♯2:

```
pbpbpbpb
```

输出样例♯2:

```
6
```

5. 给定一组输入,构造该输入的二叉查找树。

6. 输入 1000 个学生信息,快速找到指定学号的学生信息。

排　　序

排序是利用计算机处理信息数据的过程中最为经常也是最为基本的操作。在很多问题的信息数据处理过程中,大量原始数据往往是杂乱无章的,为了快速有效地处理数据,经常需要将这些数据先处理成一个有序序列,这就是排序。本章将介绍常见的几种排序算法。

◈ 10.1　排序的基本概念

简单地说,排序是将一个序列中的所有元素按照某一特定的关键字重新排列,使得序列按该关键字有序。具体定义为:给定一个有 n 个元素的序列$(r_1,r_2,\cdots,r_n)$,其对应的关键字序列为$(k_1,k_2,\cdots,k_n)$,对序列$(r_1,r_2,\cdots,r_n)$进行重新排列得到$(r_1',r_2',\cdots,r_n')$,并使得对应的关键字序列$(k_1',k_2',\cdots,k_n')$满足 $k_1'\leqslant k_2'\leqslant\cdots\leqslant k_n'$,则称序列按升序排列;或者对应的关键字序列$(k_1',k_2',\cdots,k_n')$满足 $k_1'\geqslant k_2'\geqslant\cdots\geqslant k_n'$,则称序列按降序排列,此过程称为排序。本章在讨论排序算法时,默认基于升序排列。另外,待排序序列可能存在多个关键字,本章主要讨论一个关键字的情况,该关键字一般称为主关键字。为方便讨论,本章将序列$(r_1,r_2,\cdots,r_n)$按顺序存储结构进行存储,存储在一个一维数组中,序列元素的主关键字设置为整型数据。

因为排序算法在实现过程中主要是进行关键字的比较和序列元素的移动,所以排序算法的时间复杂度主要关注的是算法执行过程中的比较次数和移动的次数。排序算法的空间复杂度主要考虑的是算法执行过程中除存储序列本身数据之外需要额外开销的内存空间。

稳定性问题主要是考虑序列$(r_1,r_2,\cdots,r_n)$中存在两个或两个以上的关键字相同的元素在排序前后相对位置的变化。以有两个元素关键字相同为例,假设序列中有两个元素 r_i 和 r_j,r_i 在 r_j 前面,即 $i<j$,它们的关键字相等,即 $k_i=k_j (i<j)$,通过某排序算法排序后,如果 r_i 仍然在 r_j 前面,则称该排序算法是稳定的,否则称该算法是不稳定的。

待排序序列中元素个数往往有很大的差别。当待排序序列的元素个数不太多时,可以将所有的元素存储在内存中进行排序处理,这样的排序过程称为内排序。当待排序序列的元素个数太多不能都存储在内存中时,就需要将部分元素存储在外部存储器中,那么在排序的过程中就需要进行内存和外存之间的数据交换,这样的排序过程被称为外部排序。本章仅讨论内部排序问题。

为了方便讨论,考虑在后面的算法描述中考虑 n 个元素的序列 r 记录在数组 $r[n+1]$ 中,元素依次存储在 $r[1]$~$r[n]$ 中,且每个元素的数据仅有一个整数值来存储关键字,也就是数组元素 $r[i]$ 的值即为序列元素 r_i 的关键字的值。

◆ 10.2 插入排序

插入排序的基本思想是逐个将待排序元素按照关键字的大小顺序插入已排序序列中,直到所有待排序元素处理完毕。使用插入排序思想的常见排序算法有直接插入排序、折半插入排序。

10.2.1 直接插入排序

直接插入排序的思想简单而直观。图 10.1 展示了直接插入排序的基本思路。

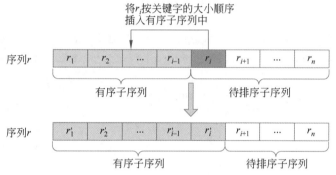

图 10.1　直接插入排序的基本思路

对于一个序列 $(r_1,r_2,\cdots,r_{i-1},r_i,\cdots,r_n)$,假设其前面的子序列 $(r_1,r_2,\cdots,r_{i-1})$ 的元素已经按关键字有序(默认升序),则后面的子序列 $(r_i,\cdots,r_n)$ 的所有元素为待排序元素,现将待排序子序列的第一个元素 r_i 按照关键字的大小顺序插入有序子序列 $(r_1,r_2,\cdots,r_{i-1})$ 中,得到一个有 i 个元素的有序 $(r_1',r_2',\cdots,r_i')$ 子序列,子序列 $(r_{i+1},\cdots,r_n)$ 为待排序子序列,此过程称为一趟排序,重复以上过程,再将后面待排序子序列的第一个元素插入前面有序子序列中,直到最后一个元素 r_n 完成插入,得到一个已排序序列 $(r_1',r_2',\cdots,r_n')$。特别地,对于初始序列,可以认为 (r_1) 为有序子序列,而 $(r_2,\cdots,r_n)$ 为待排序子序列。

下面来讨论如何进行一趟排序,即将待排序子序列的第一个元素 r_i 按照关键字的大小顺序插入前面的有序子序列 $(r_1,r_2,\cdots,r_{i-1})$ 中,得到 i 个元素的有序子序列 $(r_1',r_2',\cdots,r_i')$。因为 $(r_1,r_2,\cdots,r_{i-1})$ 已经有序,所以最直接的方式是,将 r_i 按从 r_{i-1} 到 r_1 的顺序与每个元素 r_j 进行比较,如果 $r_j \geqslant r_i$,则将 r_j 后移一个位置,继续比较下一个元素,直到遇到第一个小于 r_i 的元素 r_j,即 $r_j < r_i$,则表明找到了 r_i 的插入位子为该 r_j 元素的后面,完成插入,得到有序子序列。图 10.2 给出了一趟排序的示例。

根据上述直接插入排序的基本思路,对于序列 $r=(10,4,7,9,3,6,8)$ 直接插入排序的过程如图 10.3 所示。

直接插入排序算法实现如下。

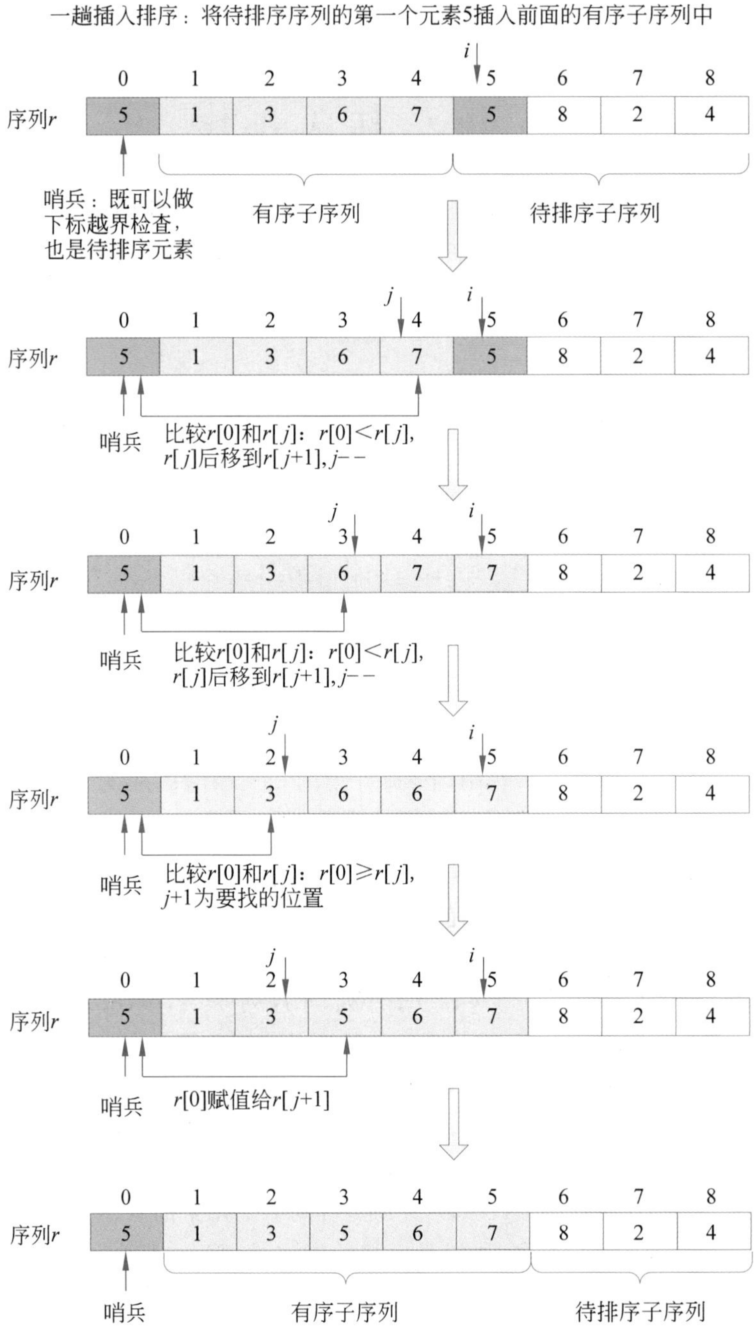

一趟插入排序：将待排序序列的第一个元素5插入前面的有序子序列中

图 10.2 一趟插入排序示例

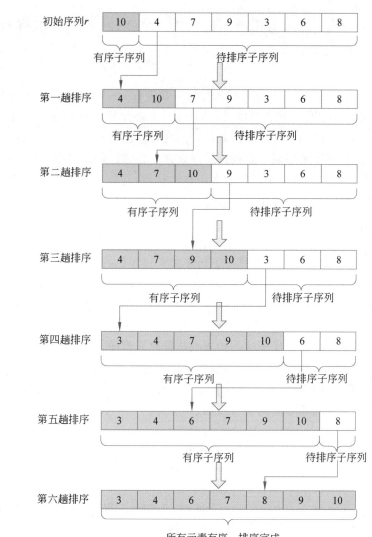

图 10.3 直接插入排序过程示例

```
//直接插入排序
void InsertSort(int r[],int n)
{
    int i,j;
    for(i=2;i<=n;i++)          //从第 2 个元素开始依次完成一趟直接插入排序
    {
        r[0]=r[i];             //设置哨兵 r[0]并作为待排序元素的临时存储
        j=i-1;                 //从前面有序子序列的最后一个元素开始往前依次比较
        while(r[0]<r[j])       //如果是比待排序元素大的元素
        {
            r[j+1]=r[j];       //该元素后移一个位置
            j--;               //准备比较下一个元素
```

```
        }
        r[j+1]=r[0];    //遇到第一个不小于待排序元素的元素,在该元素后面插入待排序元素
    }
}
```

显然,对于 n 个元素的序列 r,直接插入排序需要进行 $n-1$ 趟排序,第 i 趟排序的比较次数和移动次数在平均的情况下要都要进行 $i/2$ 次,不难计算出直接插入排序的时间复杂度为 $O(n^2)$。空间上,直接插入排序除控制循环的变量外没有额外开销的空间,所以空间复杂度为 $O(1)$。因为在有序子序列中查找待排序元素位置的过程是采用顺序查找的思路,总是从有序序列的最大元素开始往小的元素方向逐个比较,这样就不会出现相同元素相对位置发生变化的情况,所以直接插入排序算法是稳定的。

10.2.2　折半插入排序

折半插入排序也被称为二分插入排序。折半插入排序总的排序思路和插入排序没什么区别,同样是考虑序列 $r=(r_1,r_2,\cdots,r_{i-1},r_i,\cdots,r_n)$,在前面的子序列 $(r_1,r_2,\cdots,r_{i-1})$ 有序的情况下,将后面待排序序列的第一个元素 r_i 插入前面的有序子序列中,使得前 i 个元素有序,重复该过程直到所有待排序元素处理完毕,整个序列有序。不同的是,在一趟排序过程中,折半插入排序在前面有序子序列中查找待排序元素插入位置时不使用顺序查找,而是采用折半查找的方法,找到对应位置后,依然是将待排序元素插入该位置。

在一个有序序列中查找指定元素或位置的算法在第 9 章中已经做了详尽阐述,这里不再赘述,下面提供了折半插入排序的参考代码。

```
//折半插入排序
void BinInsertSort(int r[],int n)
{
    int i,j;
    int low,high,mid;               //折半查找过程中记录下标下界、上界和中间位置
    int t;
    for(i=2;i<=n;i++)
    {   if(r[i]<r[i-1])             //待排序元素比前面有序元素的最后一个元素小时
        {
            t=r[i];                 //将 r[i]保存到 t 中
            low=0;                  //设定折半查找的初始下界
            high=i-1;               //设定折半查找的初始上界
            while(low<=high)        //在 r[low]到 r[high]中查找插入的位置
            {
                mid=(low+high)/2;   //取中间位置
                if(t<r[mid])        //如果待排序元素比 r[mid]小
                    high=mid-1;     //插入位置在 mid 位置的左边区域,修改查找上界
                else
                    low=mid+1;      //插入位置在 mid 位置的右边区域,修改查找下界
```

```
    }                                    //找到插入位置 high+1
    for(j=i-1;j>=high+1;j--)             //插入位置开始的所有记录后移
        r[j+1]=r[j];
    r[high+1]=t;                         //在找到的位置插入待查找元素
    }
  }
}
```

相对于直接插入排序,折半插入排序在一趟排序过程中的比较次数相应地减少了。因为查找待排序元素的插入位置使用的是折半查找,所以元素比较的时间复杂度是 $O(\log_2 n)$,但是找到插入位置后元素移动的次数依然没变,所以一趟排序的时间复杂度依然是 $O(n)$,加之对于 n 个元素的序列,还是需要进行 $n-1$ 趟的排序才能完成整个序列的排序,所以折半插入排序算法的时间复杂度也是 $O(n^2)$。因为除若干临时变量外,不需要额外开销多余的空间,所以折半查找的空间复杂度是 $O(1)$。因为在有序子序列查找插入位置的过程中没有出现等值元素相对位置的交换,所以折半插入排序也是稳定的。

10.2.3 希尔排序

希尔排序是由计算机科学家 Donald Shell 在 1959 年提出的一个排序算法,并用他的名字命名。希尔排序算法是对直接插入排序的一种改进,该算法总的思想是对待排序序列进行不断的分组,并在组内进行插入排序,随着分组组数的减少,组内元素的增多,使得待排序序列从无序逐渐变得基本有序,最后使得整个序列有序。逐渐基本有序,指的是值小的元素逐渐往序列前端分布,值大的元素逐渐向后端分布,这样就可以使得一趟插入排序过程中的比较次数变得越来越少,从而提高排序算法的效率。

具体来说,对于一个有 n 个元素的待排序序列 $r=(r_1,r_2,\cdots,r_n)$,设置一个整数步长(增量)$d(1\leq d<n)$,将原序列分成 d 个子序列,每个子序列中相邻两个元素的下标值相差为 d,这样的子序列一般的形式为$(r_i,r_{i+d},r_{i+2d},\cdots,r_{i+kd})$,其中,$1\leq i<d$,$i+kd\leq n$,然后对这些形式的子序列分别在子序列内用直接插入排序算法或折半插入排序算法进行排序。然后减小步长(增量)d 的值,重复上述过程,直到整个序列有序。所以该算法又被称为缩小增量法。

显然,在希尔排序算法中如何选择步长(增量)d,以及 d 以怎样的方式减小是该算法的一个最重要的问题。但目前学者未能确定一种最有效的步长(增量)的递减模式。一般情况下,对于一个有 n 个元素的待排序序列 $r=(r_1,r_2,\cdots,r_n)$,经常选取 d 的初始值为 $d=\lfloor n/2 \rfloor$,然后按照 $d=\lfloor d/2 \rfloor$ 的模式递减,直到 $d=1$ 为止。当 $d=1$ 时,只有一个子序列即包含所有元素的序列,此时所有元素已经基本有序,甚至已经有序,在完成插入排序时需要移动的元素已经非常少了。

根据上述希尔排序算法的基本思路,对于序列 $r=(10,4,7,1,5,1^*,3,6,2,8)$ 进行希尔排序的过程如图 10.4～图 10.6 所示。注意本例中有两个关键字都是 1,为了区分,把后面的 1 记作 1^*。

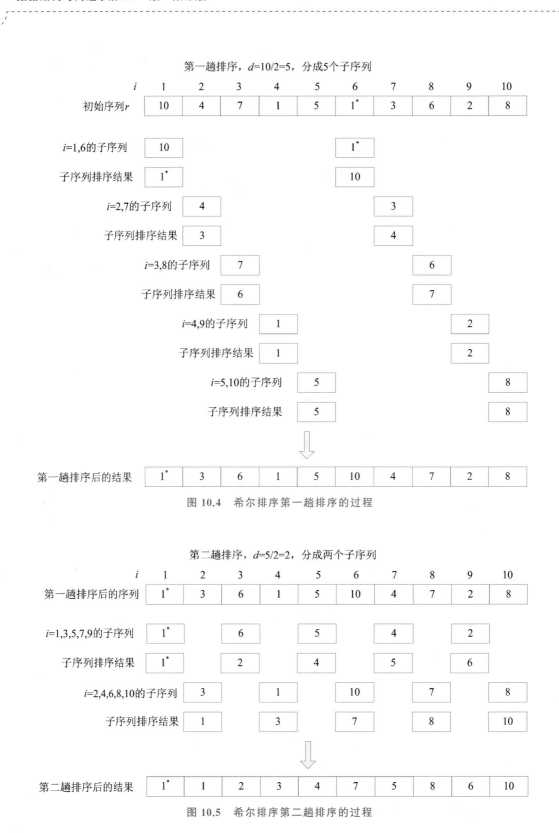

图 10.4 希尔排序第一趟排序的过程

图 10.5 希尔排序第二趟排序的过程

图 10.6 希尔排序第三趟排序的过程

从展示的例子可以看出,每趟排序后,整个序列中较小的数逐渐趋于序列的前面,较大的数逐渐趋于序列的后面,并且重新划分的子序列中为完成子序列内插入排序所需的交换次数变少,在 $d=1$ 的最后一次插入排序中,可以看到前 5 个数已经有序并在期望的位置。同时,可以看到两个关键字均为 1 的元素,排序前排在后面的 1^* 因为子序列内的交换,最终排在了 1 的前面,由此说明希尔排序是不稳定的。

通过分析上面展示的希尔排序的过程可以看出,在 d 确定后的任意一趟排序并不需要对子序列依次分开进行排序,也就是不需要先将第一个子序列排序完再去进行第二个子序列的排序,实际上,只需要按照序列元素的顺序依次参与排序就行了。例如,上例中的第二趟排序,$d=2$,假设 $i=5$,即现在考虑元素 r_5 排序,该元素在第一个子序列,所以完成 r_5 插入 (r_{i-2d},r_{i-d}) 序列中,也就是 (r_1,r_3) 中,处理完毕后,并不需要直接处理第一个子序列 r_5 后面的 r_7,而是按照元素的顺序处理第二个子序列的 r_6 插入 (r_2,r_4),处理完毕后再按顺序处理 r_7。可以这么做的原因是在同一趟排序过程中 d 是不变的,对于任意元素 r_i 考虑的都是插入 $(\cdots,r_{i-3d},r_{i-2d},r_{i-d})$ 的问题,代码可以重用。希尔排序的参考代码如下,其中,子序列排序使用直接插入排序。

```
//希尔排序算法
void ShellSort(int r[],int n)
{
    int i, j;
    int d;                              //步长(增量)
    int t;
    for(d=n/2;d>=1;d=d/2)               //步长(增量)从 n/2 按 d=d/2 依次递减
    {
        /* 将 rᵢ 插入(…,rᵢ₋₃d,rᵢ₋₂d,rᵢ₋d),序列中前 d 个元素为划分后的每个子序列的第一个
        元素,即为每个子序列的初始有序部分 */
        for(i=d+1;i<=n;i++)
        {
            t=r[i];
            j=i-d;
            while(j>0 && t <r[j])          //查找插入位置
            {
                r[j+d]=R[j];
```

```
                j=j-d;
            }
        r[j+d]=t;                                //找到位置,完成插入
        }
    }
}
```

从代码中可以看出,除了个别临时变量外,不需要额外开销空间,所以希尔排序算法的空间复杂度是 $O(1)$。希尔排序算法的时间复杂度的分析计算非常困难,因为直接影响时间开销的步长(增量)d 的递减模式怎样才能最优的问题还未解决。通过大量的计算模拟,学者估计当 n 在某个特定的范围内时,希尔排序算法的时间复杂度可以达到 $O(n^{1.3})$。另外,前面的例子中已经分析得知希尔排序算法是不稳定的。

◇ 10.3 交 换 排 序

交换排序,也就是算法思想基于元素的交换来实现的排序算法。以默认的升序为例,交换的原则是:假设序列中的元素 r_i 出现在元素 r_j 的前面,即 $i<j$,如果 $r_i \leqslant r_j$,则称这两个元素为正序,否则如果 $r_i > r_j$,则称它们反序或逆序,需要交换这两个元素的位置。常见的基于交换的排序算法有冒泡排序和快速排序。

10.3.1　冒泡排序

冒泡排序算法的总体思想是:依次比较序列中相邻的两个元素,如果它们逆序,则交换这两个元素。

具体来说,冒泡排序算法的排序基本思路是:对于一个有 n 个元素的待排序序列 $r=(r_1,r_2,\cdots,r_n)$,从第一个元素开始往后依次比较相邻的两个元素 r_i 和 r_{i+1}($1\leqslant i<n$),如果它们逆序,即 $r_i > r_{i+1}$,则交换 r_i 和 r_{i+1} 的值,直到最后一个元素比较完毕,这个过程称为一趟冒泡排序。不难知道,一趟冒泡排序的结果是将待排序序列中的最大的元素交换到了 r_n 的位置,此时最后的元素 r_n 已经有序,而 $(r_1,r_2,\cdots,r_{n-1})$ 称为新的待排序子序列,重复上面的比较交换过程,可将 $(r_1,r_2,\cdots,r_{n-1})$ 中最大的元素比较交换到 r_{n-1} 的位置。此时 (r_{n-1},r_n) 成为有序子序列,而 $(r_1,r_2,\cdots,r_{n-2})$ 成为新的待排序序列。重复上述整个过程,直到 $(r_1,r_2,\cdots,r_n)$ 有序,排序完毕。在一趟冒泡排序中也可以从最后一个元素开始往前依次比较相邻的两个元素,如果它们逆序,则交换这两个元素。不同的是,这样是将待排序序列中最小的元素比较交换到待排序序列的第一个位置,多趟排序后可使整个序列有序。

图 10.7 给出了一趟冒泡排序的示例。

根据上述冒泡排序的基本思路,对于序列 $r=(10,4,7,9,3,2,8)$ 冒泡排序的过程如图 10.8 所示。

冒泡排序算法实现参考代码如下。

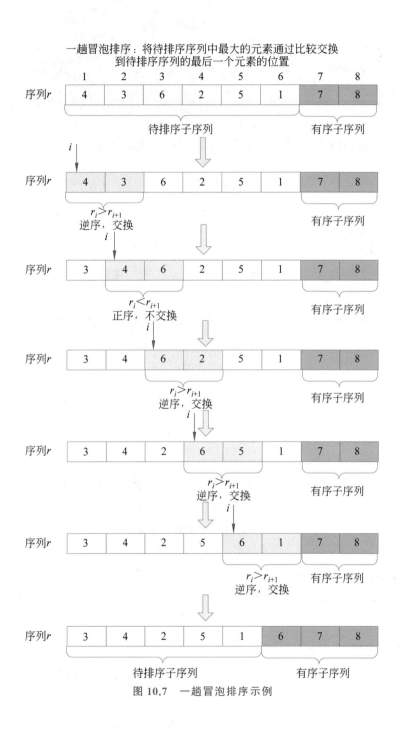

图 10.7　一趟冒泡排序示例

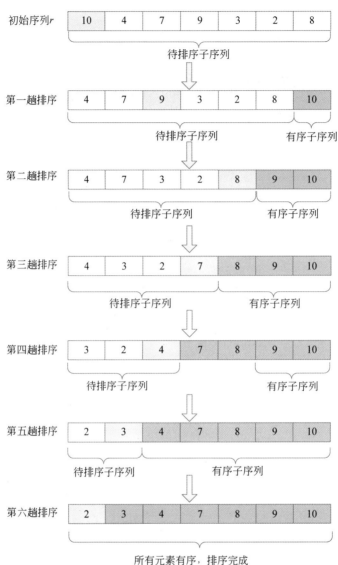

图 10.8 冒泡排序过程示例

```
//冒泡排序算法
void BubbleSort(int r[],int n)
{
    int i,j;
    for(i=1;i<n;i++)
    {
        for(j=1;j<=n-i;j++)            //从前面开始一趟冒泡排序
        {
            if(r[j]>r[j+1])            //逆序
            swap(r[j],r[j+1]);        //交换 r[j-1]和 r[j]
```

```
        }
    }
}
```

上述代码可以稍作改进,可以在代码中添加一个标记,用于控制当某趟排序中没有发生交换时,就意味着整个序列已经有序了,排序结束。

通过以上描述可知,冒泡排序算法在一般情况下,对于 n 个元素的待排序序列,需要进行 $n-1$ 趟排序,第 i 趟排序需要进行 $n-i$ 次比较。由此不难得出冒泡排序算法的时间复杂度为 $O(n^2)$。因为除了临时变量外没有额外的空间开销,所以该算法空间复杂度为 $O(1)$。在稳定性方面,因为每次进行比较移动的只是相邻的两个元素,值相同的元素不会发生交换,相对先后顺序也不会发生变化,所以冒泡排序算法是稳定的。

10.3.2　快速排序

假设选取待排序子序列的第一个元素作为轴值,则快速排序算法的排序基本思路是:对于一个待排序序列,首先在序列中选取一个元素作为轴值;整理序列中的元素,使得比轴值小的元素集中到轴值的左边,比轴值大的元素集中到轴值的右边,由此可知,轴值元素所处的位置正好是序列完成排序后该元素应该在的正确位置,可以称该元素已经归位,而该元素将原序列划分成左子序列(比轴值元素小的元素)和右子序列(比轴值元素大的元素)。对左子序列和右子序列重复以上过程。上述思路可以如图 10.9 所示。

快速排序

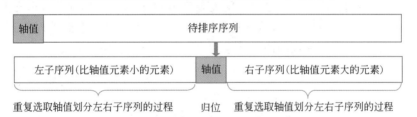

图 10.9　快速排序基本思路

根据上述快速排序的基本思路,对于序列 $r=(31,82,56,43,24)$ 快速排序的过程如图 10.10 所示。

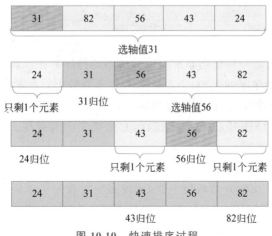

图 10.10　快速排序过程

图 10.10 中清楚地展示了快速排序分治求解的过程。

值得说明的是,选取待排序序列的第一个元素作为轴值只是轴值选取方案中的一种。这种方案对有些情况是不合适的,例如,当待排序序列已经基本正序,如果选取第一个元素作为轴值,会使得划分的右子序列的元素远远大于左子序列的元素,从而大大降低排序效率。常见的选取轴值的方法还有选取最后一个元素作为轴值或者选取中位数作为轴值,也可以考虑在选轴值前将待排序序列的元素随机打乱。

快速排序参考代码如下。

```
void QuickSort(int r[], int start, int end)    //对 a[start]到 a[end]的元素进行快速排序
{
    int post;
    if(start<end)                              //区间内至少存在两个元素
    {  post=position(a, start, end);           //position 函数划分左右区间,
                                               //返回轴值归位的位置
       QuickSort(r, start, post-1);            //对左子区间递归排序
       QuickSort(r, post+1,end);               //对右子区间递归排序
    }
}
```

因为快速排序算法使用的是递归,可以计算出为递归额外开销的平均空间复杂度为 $O(\log_2 n)$。在时间复杂度方面,因为每次都是将待排序序列用轴值划分成左右两个子序列,所以不难算出快速排序算法的平均时间复杂度为 $O(n\log_2 n)$,由此也可以看出快速排序算法是处理速度比较快的算法。根据快速排序算法的一趟排序的思路可以看到,元素可能会做大跨度的移动,所以值相同的两个元素相对的先后位置顺序可能会发生变化,所以该算法是不稳定的。

◇ 10.4 选 择 排 序

选择排序主要是指在一个待排序序列中查找选取值最小的元素(最大的元素)和待排序序列中的第一个元素(最后一个元素)交换,使其添加到有序序列中,剩下的元素称为新的待排序序列,重复以上过程,直到整个序列有序。

10.4.1 简单选择排序

简单选择排序算法是一种思路非常简单并清晰的排序算法。该算法总的思想是:对于一个有 n 个元素的待排序序列 $r=(r_1, r_2, \cdots, r_n)$,选取最小的元素和 r_1 交换,则 (r_1) 有序,$(r_2, \cdots, r_n)$ 为新的待排序序列,在该序列中再选取最小的元素和 r_2 交换,则 (r_1, r_2) 有序,$(r_3, \cdots, r_n)$ 为新的待排序序列,重复以上过程,直至整个序列有序。图 10.11 给出了一趟简单选择排序的基本思路示意。

在待排序子序列中查找最小值 $r_{i\min}$ 的过程可以先将 r_i 设定为最小值,再逐一将 $r_{i+1} \sim r_n$ 的元素逐一和最小值比较并更新最小值,比较完毕更新完毕求得 $r_{i\min}$。当待排序子序列只剩下一个元素时,排序完毕。

根据上述简单选择排序的基本思路,对于序列 $r=(10, 4, 7, 9, 3, 6, 8)$ 简单选择排序的

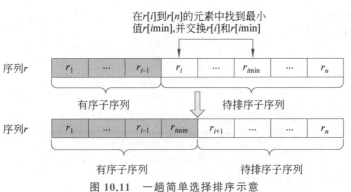

图 10.11　一趟简单选择排序示意

过程如图 10.12 所示。

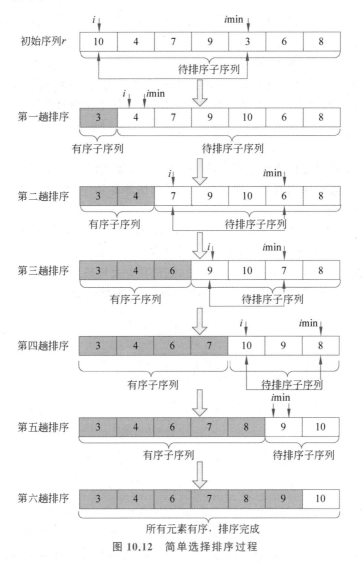

图 10.12　简单选择排序过程

简单选择排序算法的参考代码如下。

```
//简单选择排序算法
void SelectSort(int r[],int n)
{  int i,j,imin;
   for(i=1;i<n;i++)                //第 i 趟排序
   {
       imin=i;
       for(j=i+1;j<=n;j++)
       if(r[j]<r[imin])
           imin=j;                 //记录新的最小值下标
       if(imin!=i)                 //找到最小值,交换 r[i]和 r[imin]
           swap(r[i],r[imin]);
   }
}
```

通过以上描述可知,简单选择排序算法在一般情况下,对于 n 个元素的待排序序列,需要进行 $n-1$ 趟排序,第 i 趟排序需要进行 $n-i$ 次比较。由此不难得出,简单选择排序算法的时间复杂度为 $O(n^2)$。因为除了临时变量外没有额外的空间开销,所以该算法的空间复杂度为 $O(1)$。在稳定性方面,因为每次进行比较后可能需要交换位置跨度较大的两个元素,值相同的元素的相对先后顺序可能会发生变化,所以简单选择排序算法是不稳定的。

10.4.2　堆排序

堆排序

在上面介绍的简单选择排序过程中,第 i 趟排序需要进行 $n-i$ 次比较,比较的次数比较多。堆排序将待排序序列看作一棵完全二叉树的层序遍历序列,然后利用数据结构中的堆(Heap)来完成排序。

堆(Heap)的定义是,对于一棵完全二叉树,如果任意结点 r_i 的值都小于或等于其左孩子结点 r_{2i} 及右孩子结点 r_{2i+1} 的值,则称其为小根堆;反之,如果任意结点 r_i 的值都大于或等于其左孩子结点 r_{2i} 及右孩子结点 r_{2i+1} 的值,则称其为大根堆。本节以大根堆为例来讨论堆排序。图 10.13 给出了以该序列为层序遍历序列的大根堆的示例。

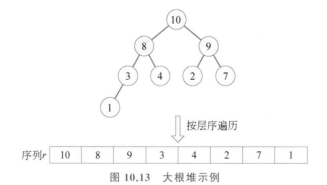

图 10.13　大根堆示例

根据大根堆的定义,大根堆的堆顶元素(即根结点)一定是值最大的元素。由此,堆排序算法总的思想是:对于一个待排序序列,以该序列作为一棵完全二叉树的层序遍历序列,然后将该完全二叉树建成一个大根堆,可称为初始建堆,此时堆顶是序列中的最大元素,交换堆顶元素和堆的最后一个元素(即序列的最后一个元素),则该元素有序。此时,除最后一个已经有序的元素外,前面剩余的元素依然构成一棵新的完全二叉树,显然该棵新完全二叉树除根结点外,其他结点均满足大根堆的性质,调整根结点使该完全二叉树为大根堆,则剩余元素中的最大元素在堆顶,和堆的最后一个元素交换,重复以上过程,直至堆中只有一个元素,排序完毕。

考虑到待排序序列对应的是一棵完全二叉树,前 $\lfloor n/2 \rfloor$ 个结点是非叶子结点,只有这些结点在初始状态不满足堆的性质,所以初始建堆的思路是:从第 $\lfloor n/2 \rfloor$ 个结点开始逆向到根结点,依次调整以满足大根堆的性质,最终使整棵完全二叉树是一个大根堆。

对于待排序序列 $r=(1,8,9,3,10,2,7,4)$,图 10.14 给出了初始建堆过程的示例。

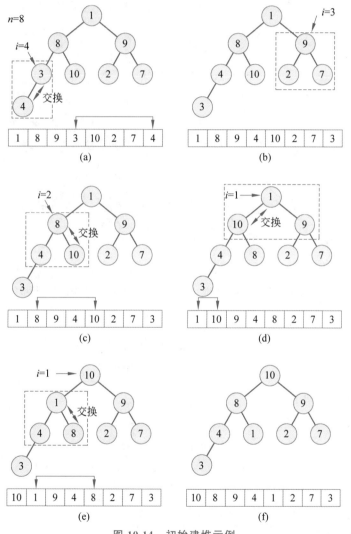

图 10.14　初始建堆示例

如图 10.15 所示初始建堆后,堆顶元素值为 10,为序列中的最大元素,此时交换堆顶元素 10 和最后一个元素 3,即得序列后端的有序子序列(10)和前端的待排序子序列(3,8,9,4,1,2,7),该子序列中只有根结点元素 3 不符合大根堆的性质,调整根结点即可得到新的大根堆,重复以上过程,最终使得整个序列有序,排序完成。初始建堆后的排序过程如图 10.15 所示。

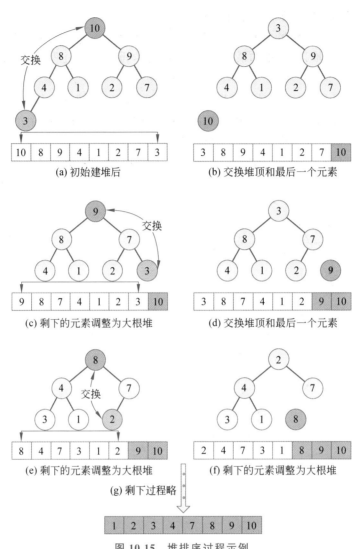

图 10.15　堆排序过程示例

堆排序参考代码如下。

```
//堆排序算法
void sift(int r[],int start,int end)        //调整堆
{
    int i=start;
    int j=2*i;                              //j指向左孩子
    int t=r[i];                             //暂存 r[i]
    while(j<=end)
    {
        if(j<end && r[j]<r[j+1]) j++;       //j指向左右孩子中的最大的结点
        if(t<r[j])                          //如果 r[i]比孩子结点中最大的小
        {   r[i]=r[j];                      //调整孩子结点到双亲结点位置
```

```
                i=j;                       //继续向下调整
                j=2*i;
            }
            else break;                    //遇到双亲结点大的情况,调整结束
        }
        r[i]=t;                            //被调整元素归位
    }
    void HeapSort(int r[],int n)           //堆排序
    {
        int i;
        for(i=n/2;i>=1;i--)                //初始建堆
            sift(r,i,n);
        for(i=n;i>=2;i--)                  //重复执行:交换堆顶元素和最后元素,调整堆
        {
            swap(r[1],r[i]);
            sift(r;1;i-1);
        }
    }
```

根据上面的分析,堆排序的主要工作是交换完堆顶元素后,调整堆的过程,调整的次数和堆的深度相关,所以不难得出堆排序的时间复杂度为 $O(n\log_2 n)$。因为除临时变量外,不需要额外开销空间,所以堆排序算法的空间复杂度为 $O(1)$。另外,每次交换堆顶元素和最后一个元素,可能会导致值相同的元素的相对先后顺序发生变化,所以堆排序是不稳定的。

◆ 10.5　归并排序

归并排序借用了归并的思想,这与前面讲到过的主旨基于交换和移动的那些排序算法不一样。归并的思想是将两个或者两个以上的有序序列合并成一个有序序列。一般地,归并排序算法是基于将两个有序子序列合并成一个有序序列的思路,所以一般称为二路归并排序算法。

归并排序算法总的思想是:通过将一个有 n 个元素的待排序序列分隔成左右两个有 $\lfloor n/2 \rfloor$ 元素的子序列,再将左右子序列划分成有 $\lfloor n/4 \rfloor$ 个元素的子序列,这样一直划分为更小的子序列,直到子序列中只有一个元素,显然该子序列已经有序,无须再划分,从而合并左右两个有序的子序列为一个有序序列,逐层合并各级左右子序列,最终合并得到原序列有序。该思路可以通过递归来实现。

对于一个序列 $r=(r_{\text{left}},\cdots,r_{\text{mid}},r_{\text{mid}+1},\cdots,r_{\text{right}})$,其中,$\text{mid}=(\text{left}+\text{right})/2$,假设其中子序列 $(r_{\text{left}},\cdots,r_{\text{mid}})$ 和子序列 $(r_{\text{mid}+1},\cdots,r_{\text{right}})$ 已经分别有序。图 10.16 给出了一个将上面两个有序子序列合并成一个有序序列的实例。

合并的结果存储在一个临时定义的序列 r_1 中,将 r_1 中的元素按对应位置复制到序列 $r=(r_{\text{left}},\cdots,r_{\text{mid}},r_{\text{mid}+1},\cdots,r_{\text{right}})$。

以序列 $r=(31,83,42,52,27,65,11)$ 为例,图 10.17 给出了二路归并排序的过程。

二路归并参考代码如下。

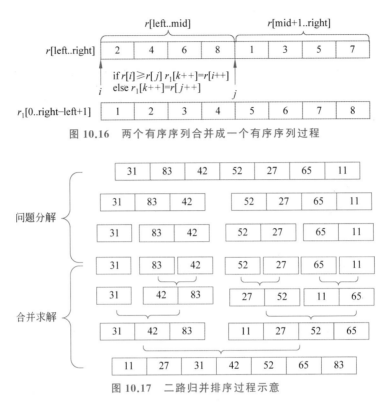

图 10.16　两个有序序列合并成一个有序序列过程

图 10.17　二路归并排序过程示意

```
//二路归并排序
void MergeSort (int r[],int left,int right)      //对 r[left..right]进行二路归并排序

{   int mid;
    if(left<right)
    {   mid=(lrft+right)/2;
        MergeSort (r,left,mid);
        MergeSort (r,mid+1,right);
        Merge(r,left,mid,right);
                        // Merge 函数将有序的 r[left..mid]和 r[mid+1..right]合并

    }
}
```

从上面的分析可以看出，完成二路归并需要额外开辟一个辅助空间给序列 r_1，它需要的空间大小和 r 一样，所以该算法的空间复杂度为 $O(n)$。因为二路归并采用了分治策略，将待排序序列一分为二，并进一步细分，不难算出二路归并算法的时间复杂度为 $O(n\log_2 n)$。而归并过程不会改变等值元素的相对先后顺序，所以该算法是稳定的。

10.6　基 数 排 序

基数排序是一种基于多关键字的排序算法，排序过程不基于比较和移动。对于一个有 n 个元素的待排序序列 $r=(r_1,r_2,\cdots,r_n)$，其中每一个元素 r_i 的关键字都是一个关键字组 $(k_i^0,k_i^2,\cdots,k_i^{d-1})$，其中，$0\leqslant k_i^p\leqslant s-1(0\leqslant p\leqslant d-1)$，并按照权重从小到大的顺序排列，称

k_i^d 为最主要关键字,k_i^1 为最次要关键字。实现排序时可根据关键字权重递增的顺序,依次对待排序序列进行排序,称为最低位优先(Least Significant Digit first,LSD)排序;或者,根据关键字权重递减的顺序,依次对待排序序列进行排序,称为最高位优先(Most Significant Digit first,MSD)排序。

基数排序一般使用多个队列来完成排序。基数排序的思路如下:对 $p=0,1,\cdots,d-1$,依次基于 s 个队列 $Q_j(0 \leqslant j \leqslant s-1)$ 进行一次分配和收集。每次分配时,设置 s 个空队列 $Q_j(0 \leqslant j \leqslant s-1)$,然后遍历待排序序列中所有的元素 r_i,若 r_i 的关键字 $k_i^p=k$,则将 r_i 加入队列 Q_k 中。所有元素分配完后,按 $Q_0,Q_1,\cdots,Q_{s-1}$ 的顺序首尾相连,得到新的序列。所有关键字 k_i^p 后收集的序列即为已排序序列。

对于待排序序列 $r=(151,234,321,231,327,254,187,157)$,利用基数排序的思想,考虑个位数字、十位数字、百位数字三个关键字,设关键字的权重顺序为个位、十位、百位,它们的取值均可确定为 $0 \sim 9$,所以可以利用 10 个队列来完成分配和收集。图 10.18 给出了基数排序的过程,注意每次分配过程没有展示空队列。

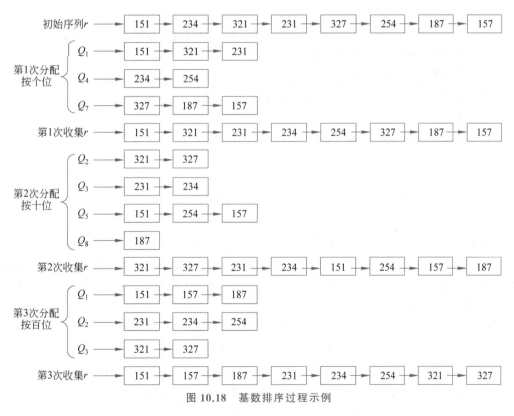

图 10.18 基数排序过程示例

从上述分析中,可知基数排序要进行 d 趟分配和收集,每趟的分配要遍历序列中所有的 n 个元素,每趟的收集需要遍历 s 个队列,所以基数排序的时间复杂度是 $O(d(n+s))$。基数排序需要设置 s 个队列,所以该算法的空间复杂度是 $O(s)$。另外,基数排序按每一个关键字收集的过程是按序列元素的顺序进行的,相同值的元素的先后顺序不会改变,所以该算法是稳定的。

◆ 习　　题

1. 合理安排。

你正在参加一场算法竞赛,这场比赛上有 n 个题目,每个题目有其对应的难度值,对应地,你做出这些题目的期望时间为 a_i。假如你每次提交的都是正确解法,通过合理安排做题顺序后,你的罚时最少是多少?

罚时:第一次通过某题目时,罚时增加的值为此时比赛经过的时间。

输入格式:

第一行包括一个整数 $n(1 \leqslant n \leqslant 10^5)$,代表题目数量。

第二行包括 n 个整数 $a_1, a_2, a_3, \cdots (1 \leqslant a_i \leqslant 10^5)$,代表你通过这些题目的期望时间。

输出格式:

输出一个整数,代表你的最小罚时。

2. 奇偶排序。

给定一个长度为 n 的数组 a,下标从 1 开始,你可以对这个数组进行以下两种操作。

(1) 交换任意两个值为偶数的元素。

(2) 交换任意两个值为奇数的元素。

试问是否能对 a 数组使用任意次上述操作,使其变为一个非降数组?

输入格式:

第一行输入整数 $n(1 \leqslant n \leqslant 2 \times 10^5)$,代表数组长度。

第二行包含 n 个整数,代表数组元素 $(1 \leqslant a_i \leqslant 10^9)$。

输出格式:

如果能通过上述两种操作使得 a 数组变为非降数组,则输出"YES",否则输出"NO"。

3. 十字箴言。

你正在举行一个叫作"十字箴言"的游戏,游戏规则如下。

一场游戏有 n 个参与者,每个参与者说一句长度为 a 的箴言,并且会附带一定的智慧值 b,箴言不超过 10 个字并且智慧值最高的玩家获胜(至少有一个玩家的箴言长度小于 10)。你的任务是找出获胜玩家。

输入格式:

第一行包含一个整数 $n(1 \leqslant n \leqslant 50)$,代表参与者数量。

接下来的 n 行,每行包含两个值 $a(1 \leqslant a \leqslant 50)$,$b(1 \leqslant b \leqslant 50)$,分别代表箴言长度和智慧值。数据保证所有智慧值互不相同,且至少有一个箴言的长度小于 10。

输出格式:

输出一行,代表获胜玩家的编号。

4. 数组分类。

给定一个长度为 n 的数组 a,你可以将其中的元素任意划分成多个集合,定义一个集合的差值为其中最大值与最小值的差值,请你找出一种划分集合的方法,使其集合差值之和最大。输出集合差值之和的最大值。

输入格式:

第一行包括一个整数 $n(1\leqslant n\leqslant 50)$,代表 a 数组的长度。

第二行包括 n 个整数 $(1\leqslant a_i\leqslant 50)$,代表数组中的元素。

输出格式:

输出一个整数,代表集合差值之和的最大值。

5. 比赛选题。

假如你是一场比赛的组织者,而且打算从 n 个题目中挑出一定数量的题目作为赛题。为了让比赛选手体验良好,你打算让这场比赛在保持平衡的情况下选择尽量多的题目,你可以移除任意题目并且随意排序。请判断你至少需要移除多少题目从而使得这场比赛平衡。一场比赛是平衡的当且仅当相邻的两道题目的难度值相差的绝对值不超过 k。

输入格式:

第一行包含两个正整数 $n(1\leqslant n\leqslant 2\times 10^5)$ 和 $k(1\leqslant k\leqslant 10^9)$,表示题目数量和能够容许的最大差值。

第二行包含 n 个整数 $a,b,\cdots,n(1\leqslant a\leqslant 10^9)$ 表示各个题目的难度值。

输出格式:

请输出在保持比赛平衡的前提下,你至少需要移除多少个题目。

6. 美丽的数组。

定义一个数组 a 中某一子数组(左边界为 l,右边界为 r)的美丽值 $f(l,r)=|a_l-a_{l+1}|+|a_{l+1}-a_{l+2}|+\cdots$。现在有一个长度为 n 的数组 a,将它划分为 k 个子数组,则 a 的美丽值是其所有子数组的美丽值之和,请求出 a 数组美丽值的最大值。

输入格式:

第一行包括两个整数 $n(1\leqslant n\leqslant 10^5)$ 和 $k(1\leqslant k\leqslant n)$,分别代表数组 a 的长度和要分成的子数组的数量。

第二行包含 n 个数 $a_1,a_2,a_3,\cdots,a_n(1\leqslant a_i\leqslant 10^9)$,代表数组 a 的元素。

输出格式:

输出一行整数,代表数组 a 的美丽值的最大值。

7. 数组游戏。

给定 n 个长度为 m_i 的数组(数组长度可能互不相同),你可以进行以下操作:从任意数组中移除至多一个元素,并将其加入另一个数组中。注意,上述操作对一个数组至多操作一次。定义这 n 个数组的力量为每个数组的最小值之和,请你进行上述操作使得这 n 个数组的力量最大,输出力量的最大值。

输入格式:

第一行包含一个整数 $n(1\leqslant n\leqslant 10^5)$,代表数组数量。

接下来 n 组数据,格式如下。

第一行是一个整数 $m_i(1\leqslant m_i\leqslant 10^5)$,代表第 i 个数组的大小。

第二行是 m_i 个整数,代表第 i 个数组的元素。

其中,m_i 之和不大于 10^5。

输出格式:

输出一行,代表经过操作后,这 n 个数组的力量的最大值。

8. 两条线段。

给定一个数轴,其上有 n 个点。再给你两条线段,其长度为 k。请问该如何放置两条线段使得其覆盖到的点最多?

输入格式:

第一行是两个整数 $n(1 \leqslant n \leqslant 2 \times 10^5)$ 和 $k(1 \leqslant k \leqslant 10^9)$,分别代表数轴上点的数量和线段长度。

第二行是 n 个整数 $x_1, x_2, \cdots, x_n (1 \leqslant x_i \leqslant 10^9)$,代表点的坐标。

输出格式:

输出一个整数,代表能够覆盖到的点数的最大值。

9. **数组游戏(Hard)。**

给定一个长度为 n 的数组 a,你将对这个数组进行如下操作。

(1) 排序并去重(重复的元素只剩下一个)。如果经过此次操作后数组只剩下一个元素,则输出这个元素并且结束所有操作。

(2) 给剩下的元素按顺序等差地增加数值,例如,一个数组的长度经过操作 1 后变为 m,则其第一个元素增加 m,第二个元素增加 $m-1$,$\cdots$,以此类推。

(3) 回到操作(1)。

注意,上述操作并不会改变 a 数组的值,即 a 数组经过上述操作后会恢复原样。

你有 q 个询问,每次询问会将下标为 p 的数替换为 x。你需要在替换元素后对数组进行上述操作。

输入格式:

第一行是一个整数 $n(1 \leqslant n \leqslant 2 \times 10^5)$,代表数组长度。

第二行是 n 个整数 $a_1, a_2, \cdots, a_n (1 \leqslant a_i \leqslant 10^9)$,代表数组元素。

第三行包括一个整数 $q(1 \leqslant q \leqslant 2 \times 10^5)$,代表询问次数。

接下来的 q 行,每行两个整数 $p(1 \leqslant p \leqslant n)$,$x(1 \leqslant x \leqslant 10^9)$,含义如题所示。

输出格式:

输出 q 行,每一行代表对应询问操作的值。

10. **函数求值。**

给定一个数轴,其上有 n 个整数坐标的点。对于一个点 p,定义 $f(p)$ 为经过这一点的线段的数量。选择一个起始坐标 s,将其与 n 个点进行连线(闭区间),当 $s \in \{x_1, \cdots, x_n\}$ 时,请你分别求出当 s 按顺序取其中一个值时 $\sum f(p)$ 的值。

输入格式:

第一行包括一个整数 $n(1 \leqslant n \leqslant 2 \times 10^5)$,代表数轴上点的数量。

第二行包含 n 个整数 $x_1, x_2, \cdots, x_n (1 \leqslant x_i \leqslant 10^9)$,代表数轴上 n 个点的坐标。

输出格式:

输出包括 n 个整数,代表当 s 按顺序取其中一个值时 $\sum f(p)$ 的值。

第11章

索 引 结 构

◇ **11.1 概　　述**

　　数据结构的算法和模型主要是处理内存中的数据,具有数据规模小、不需要保存等特点。在实际应用中,软件系统面临大规模数据,需要使用文件存储在外存进行持久化。目前支撑数据持久化的主要方式是利用大型数据库,如 Oracle、MySQL、SQL Server 等数据库系统,这些数据库系统一般将数据文件存放在硬盘等外存中。

　　索引是一种特殊的数据库结构,被设计用于快速查询数据库表中的特定记录。从数据库存储的海量数据中检索出指定数据的效率是评价一个数据库系统性能的主要指标,包括精确查找、范围查找、最大/最小值查找等。由于数据量大,将所有数据载入内存利用数据结构的查找技术进行查找需要大量的内存、过多的磁盘 I/O,如图 11.1 所示。大量的数据、过多的磁盘 I/O 导致内存消耗量大、查询响应的时间长,在很多情况下并不可行,因此,需要对数据库中的数据进行索引,提高数据检索性能。

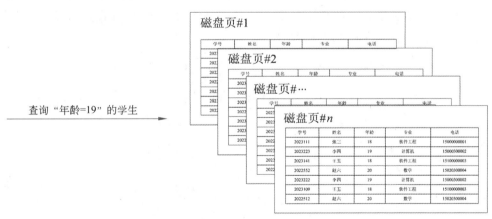

图 11.1　查询内容存在多个磁盘页导致磁盘 I/O 的次数过多

与索引技术相关的术语如下。

　　(1)记录:结构化数据,描述一个实体对象的多个属性,可以用结构体或者类进行描述,如图 11.2 所示。

　　(2)主键:数据库表格中每条记录的唯一标识,如身份证号码、学号等信息,

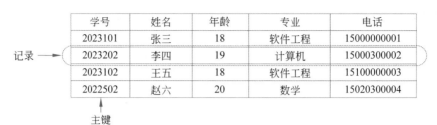

学号	姓名	年龄	专业	电话
2023101	张三	18	软件工程	15000000001
2023202	李四	19	计算机	15000300002
2023102	王五	18	软件工程	15100000003
2022502	赵六	20	数学	15020300004

图 11.2   数据表格相关概念

不同的实体对象的身份证号码、学号等是不相同的,可以唯一标识一个实体对象,如图 11.2 所示。

（3）索引：主键及其对应记录的物理位置之间的关联信息。

（4）索引文件：用于记录索引信息的文件组织结构。

（5）稠密索引：主文件关键码未排序,对每个记录都建立一个索引。一般数据库会为每个表格的主键建立默认的索引。

（6）稀疏索引：对已排序关键码进行顺序分块,并建立索引指向每块记录在磁盘中的起始位置。

◇ 11.2   静态索引结构

静态索引结构在文件建成的时候就生成,只有当文件再组织时才允许改变索引结构。

11.2.1   索引表

索引查找表由索引表和块表两部分所构成,其中,索引表存储的是各块记录中的最大关键字值和各块的起始存储地址,用顺序存储结构,各块的起始存储地址的初始值置为空指针;而块表中存储的是查找表中的所有记录并且按块有序,用链式存储或顺序存储结构。图 11.3 是以链表为例的静态存储结构。

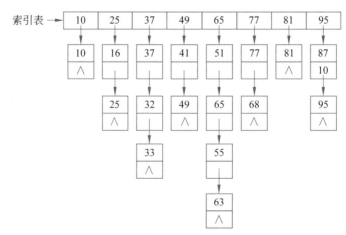

图 11.3   块表以链表实现的静态存储结构

索引表中每个入口记录该块表中存储的最大值,是有序的;块表以链表存储数据,数据可以无序。

11.2.2　索引表查找

1. 顺序查找

逐个将记录的关键字和给定关键字进行比较,若找到一个记录的关键字与给定关键字相等,则查找成功;否则,查找失败。

2. 折半查找

折半查找的前提是关键字有序,以升序为例。首先确定查找表中间位置上的关键字与给定的关键字的关系,如果给定关键字小于中间位置上的关键字,则在中间位置左侧子集查找;否则,在中间位置右侧子集查找。

3. 分块查找

分块查找又称为索引顺序查找,是对顺序查找方法的一种改进。其查找分为两个步骤,首先在索引表中的查找按二分查找快速定位到存储块,然后在存储块内按顺序查找,因此,分块效率介于顺序查找和折半查找之间。

◈ 11.3　动态索引结构

11.3.1　B-树的定义及运算

B-树是一种可以自平衡的树,能够保持数据有序,在 B-树上执行查找、顺序访问、插入数据及删除操作的时间开销都控制在 $O(\log_2 n)$ 时间内。B-树可以拥有多于两个子结点的二叉查找树,优化了大块数据读写操作的时间开销。B-树减少了定位记录时所经历的磁盘 I/O 的次数,加快了存取速度。

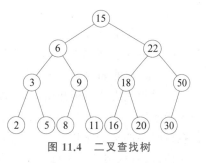

B-树

图 11.4 是一棵二叉查找树,每一层代表了一个索引文件。在查找数据的过程中每访问一个子树的根结点表示访问一个索引文件,需要一次磁盘 I/O 的操作。显然,从根结点访问到叶子结点需要进行 4 次磁盘 I/O,如图 11.5 所示。

图 11.4　二叉查找树

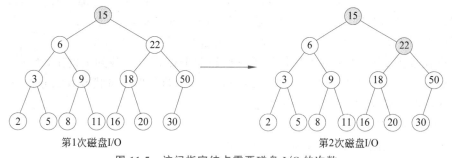

图 11.5　访问指定结点需要磁盘 I/O 的次数

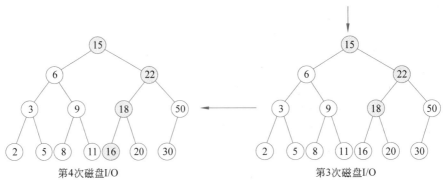

第4次磁盘I/O   第3次磁盘I/O

图 11.5 （续）

从如图 11.5 所示的查找过程来看，磁盘 I/O 的次数由树的高度决定，因此，树的高度越小则查找效率越高。二叉查找树因为每个结点只能有两个孩子结点，因此树的深度较深。而 B-树中每个结点的孩子数量可以多于两个，因此可以降低树的高度，减少磁盘 I/O 的次数。

B-树是树中结点能拥有的最大子结点，一棵 m 阶 B-树具有以下 5 条特性。

（1）树中每个结点至多有 m 棵子树。

（2）若根结点不是叶子结点，则至少有两棵子树。

（3）除根之外的所有非终端结点至少有 $\lceil m/2 \rceil$ 棵子树。

（4）所有非叶子结点包含下列信息数据 $(n, A_0, K_1, A_1, \cdots, K_n, A_n)$。

① $K_i (i=1,2,\cdots,n)$ 为关键字，且 $K_i < K_{i+1} (i=1,2,\cdots,n-1)$。

② $A_i (i=0,1,\cdots,n)$ 为指向子树根结点的指针。

③ $n (\lceil m/2-1 \rceil \leqslant n \leqslant m-1)$ 为关键字的个数。

（5）所有叶子结点都出现在同一层次上，并且不带信息。

B-树的主要操作包括插入、删除、查询等，具体规则如下。

（1）B-树的插入。

B-树的生成从空树开始，通过逐次插入关键字得到。因为 B-树结点中的关键字个数必须大于或等于 $m/2-1$，所以，每次插入一个关键字不是在树中添加一个叶子结点，而是首先在最底层的某个非叶子结点中添加一个关键字：若该结点的关键字个数不超过 $m-1$，则直接插入；若该结点的关键字个数等于 $m-1$，则插入后需要对此结点进行分裂。

例 11.1　根据序列 $\{15,6,22,3,9,18,50,2,5,8,11,16,20,30\}$ 构造 3 阶 B-树。

根据 B-树插入规则，3 阶 B-树的构造过程如图 11.6 所示。

根据如图 11.6 所示 B-树，查找关键字 16 的过程如图 11.7 所示。

从查找过程来看，B-树的查找仅需要三次磁盘 I/O 即可查找到关键字，优于二叉查找树的 4 次 I/O。虽然在结点 (6,15) 和结点 (18,22) 上要进行顺序查找或者二分查找，但这些查找是在内存中操作的，所需时间可以忽略。

（2）B-树的删除。

B-树中结点的删除需要考虑如下两种情况。

① 若删除的结点不是最下层的非终端结点 K_i，则可以用指针 A_i 所指的子树中（值较大的子树）的最小关键字替代 K_i。

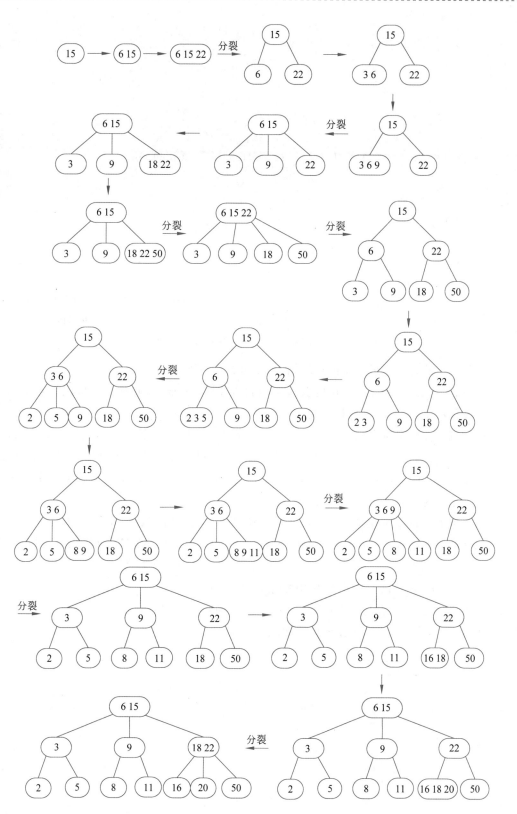

图 11.6　B-树的构造过程

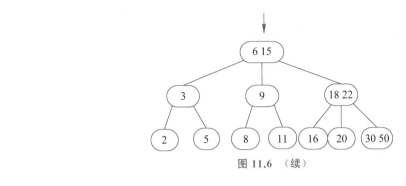

图 11.6 （续）

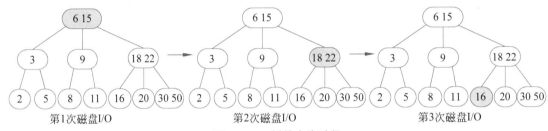

图 11.7 B-树的查找过程

② 若删除的结点是最下层的终端结点,则可分为以下 3 种情况。

* 被删除关键字所在结点中的关键字数目大于 $\lceil m/2 \rceil - 1$,则只需要从该结点中删除该关键字,其余部分保持不变。
* 被删除关键字所在结点中的关键字数目等于 $\lceil m/2 \rceil - 1$,而与该结点相邻的兄弟(先左后右)结点中的关键字数目大于 $\lceil m/2 \rceil - 1$,则需要将兄弟结点中的最大值(或最小值)上移至双亲结点中,而将双亲结点中小于(或大于)且紧靠上移关键字的关键字下移至被删除关键字所在结点中。
* 被删除关键字所在结点和其相邻的兄弟结点中的关键字数目均等于 $\lceil m/2 \rceil - 1$。则在删除此结点后,将其与左兄弟(或右兄弟)和紧邻的双亲结点中的关键字进行合并为新的结点。

例 11.2 从如图 11.6 所示 B-树中删除关键字 18。

关键字 18 位于的结点需要利用规则①②进行删除,过程如图 11.8 所示。

例 11.3 在如图 11.8 所示 B-树中删除关键字 16。

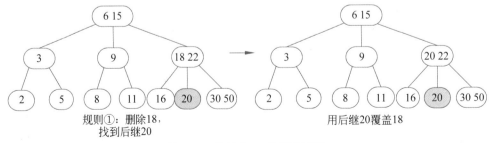

图 11.8 关键字 18 的删除过程

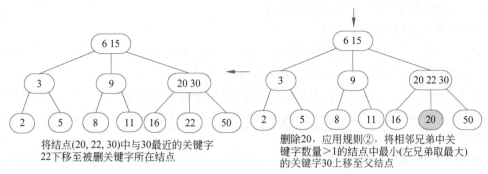

将结点(20, 22, 30)中与30最近的关键字
22下移至被删关键字所在结点

删除20, 应用规则②, 将相邻兄弟中关
键字数量>1的结点中最小(左兄弟取最大)
的关键字30上移至父结点

图 11.8 （续）

关键字 16 位于最下层终端结点,且关键字数目大于 $\lceil m/2 \rceil - 1$,则只需要从该结点中删除该关键字,其余部分保持不变,如图 11.9 所示。

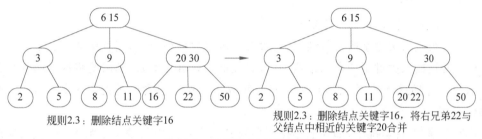

规则2.3：删除结点关键字16

规则2.3：删除结点关键字16, 将右兄弟22与
父结点中相近的关键字20合并

图 11.9 关键字 16 的删除过程

11.3.2 B+树的定义及运算

B+树是一种树数据结构,通常用于数据库和操作系统的文件系统中。B+树的特点是能够保持数据稳定有序,其插入与修改拥有较稳定的对数时间复杂度。

B+树

B+树是 B-树的一种变形形式,B+树上的叶子结点存储关键字以及相应记录的地址,叶子结点以上各层作为索引使用。

一棵 m 阶的 B+树定义如下。

(1) 每个结点至多有 m 个子女。

(2) 除根结点外,每个结点至少有 $\lceil m/2 \rceil$ 个子女,根结点至少有两个子女。

(3) 有 k 个子女的结点必有 k 个关键字。

B+树的查找与 B-树不同,当索引部分某个结点的关键字与所查的关键字相等时,并不停止查找,应继续沿着这个关键字左边的指针向下,一直查到该关键字所在的叶子结点为止。

B+树是 B-树的一种变形,比 B-树具有更广泛的应用,m 阶 B+树具有如下特征。

(1) 每个结点的关键字个数与孩子个数相等,所有非最下层的内层结点的关键字是对应子树上的最大关键字,最下层内部结点包含全部关键字。

(2) 除根结点以外,每个内部结点有 $\lceil m/2 \rceil \sim m$ 个孩子。

(3) 所有叶结点在树结构的同一层,并且不含任何信息(可看成是外部结点或查找失败的结点),因此,树结构总是树高平衡的。

B+树和 B-树存在如下差异。

在 B+树中,具有 n 个关键字的结点只含有 n 棵子树,即每个关键字对应一棵子树;而在 B-树中,具有 n 个关键字的结点含有 $n+1$ 棵子树。

在 B+树中,每个结点(非根内部结点)的关键字个数 n 的范围为 $\lceil m/2 \rceil \sim m$(而根结点:$1 \sim m$);而在 B-树中,每个结点(非根内部结点)的关键字个数 n 的范围为 $\lceil m/2 \rceil - 1 \sim m-1$(根结点:$1 \sim m-1$)。

在 B+树中,叶结点包含全部关键字,非叶结点中出现的关键字也会出现在叶结点中;而在 B-树中,最外层的终端结点包含的关键字和其他结点包含的关键字是不重复的。

在 B+树中,叶结点包含信息,所有非叶结点仅起索引作用,非叶结点的每个索引项只含有对应子树的最大关键字和指向该子树的指针,不含有该关键字对应记录的存储地址。

1. B+树的插入

B+树的插入有如下 4 种情况。

(1) 若被插入关键字所在的结点,其含有关键字数目小于 m,则直接插入。

(2) 若被插入关键字所在的结点,其含有关键字数目等于 m,则需要将这个结点分为左右两部分,中间的结点放到父结点中。假设其双亲结点中包含的关键字个数小于 m,则插入操作完成。

(3) 在第(2)种情况中,如果上移操作导致其双亲结点中关键字个数大于 m,则应继续分裂其双亲结点。

(4) 若插入的关键字比当前结点中的最大值还大,破坏了 B+树中从根结点到当前结点的所有索引值,此时需要及时修正后,再做其他操作。

例 11.4 在如图 11.10 所示的 3 阶 B+树中插入 13、65、95。

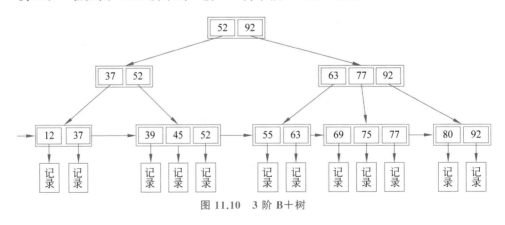

图 11.10 3 阶 B+树

(1) 插入关键字 13。应该插入关键字 12 的右侧,在该结点共有两个关键字,小于 B+树的阶 3,因此,直接插入,如图 11.11 所示。

(2) 插入关键字 65。关键字 65 应该插在关键字 69 的左侧,但该结点已经有三个关键字,所以要裂开,中间的关键字 69 放到父结点中去。由于 69 的加入,父结点中关键字也大于 3,所以父结点也要裂开,分为两个结点,如图 11.12 所示。

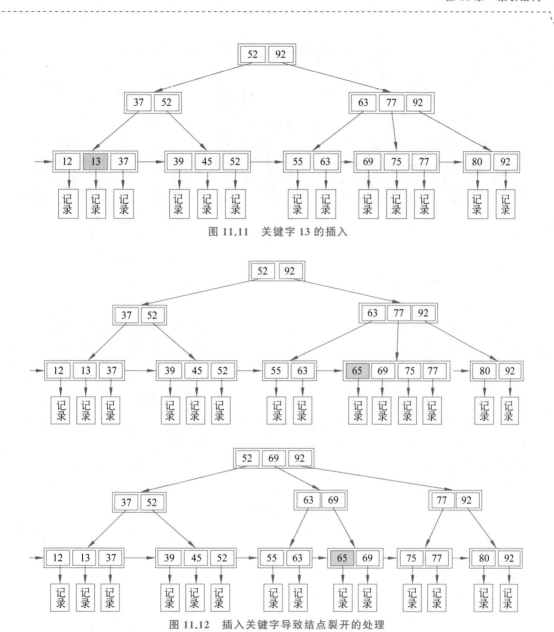

图 11.11　关键字 13 的插入

图 11.12　插入关键字导致结点裂开的处理

（3）插入关键字 95。关键字 95 应该插入在关键字 92 的右侧,因为 95 比该结点最大的关键字还要大,则需要修改其父结点的相应关键字,如果该关键字在父结点中仍然是最大的,则继续修改其父结点的关键字,直到 B＋树的根结点,如图 11.13 所示。

2. B＋树的删除

B＋树的删除需要考虑如下情况。

（1）找到存储有该关键字所在的结点时,由于该结点中关键字个数≥$\lceil m/2 \rceil$,做删除操作不会破坏 B＋树,则可以直接删除。

（2）当删除某结点中最大或者最小的关键字,就会涉及更改其双亲结点一直到根结点中所有索引值的更改。

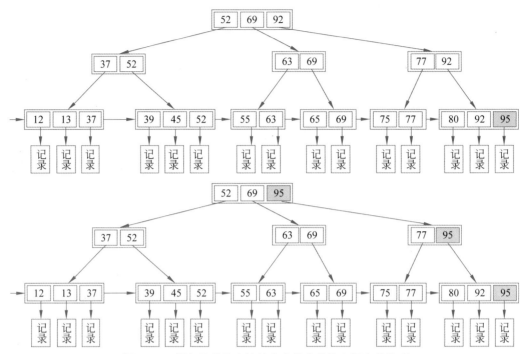

图 11.13 插入的关键字比结点中最大关键字更大的处理

（3）当删除该关键字，导致当前结点中关键字个数小于 $\lceil m/2 \rceil$，若其兄弟结点中含有多余的关键字，可以从兄弟结点中借关键字完成删除操作。如果其兄弟结点没有多余的关键字，则需要同其兄弟结点进行合并。合并可能导致双亲结点破坏 B＋树的结构，需要继续依照以上规律处理其双亲结点。

例 11.5 在如图 11.14 所示的 B＋树中删除关键字 12、95、13 和 55。

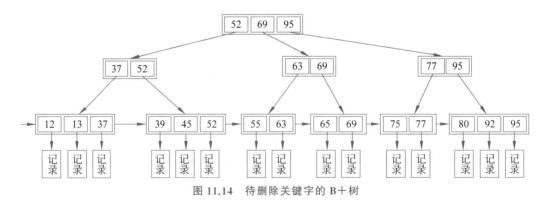

图 11.14 待删除关键字的 B＋树

这 4 个关键字所处的结点的特点不同，需要按照不同的规则进行删除。

（1）删除关键字 12，因其所处的结点中关键字数量大于 2，所以直接删除，如图 11.15 所示。

（2）删除关键字 95，需要修改从 95 的父结点到根结点中所有涉及 95 的值，将其修改为第二大的元素值，如图 11.16 所示。

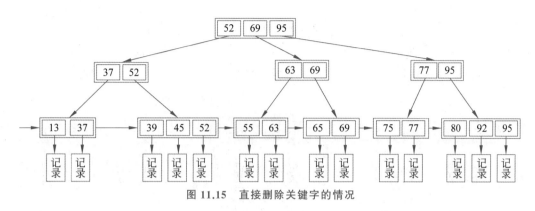

图 11.15　直接删除关键字的情况

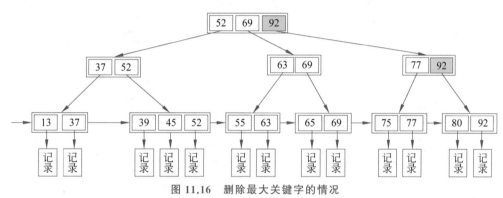

图 11.16　删除最大关键字的情况

（3）删除关键字 13，此时只有一个关键字，小于 $m/2$，而其兄弟有三个，可以向其兄弟借一个最大（最小）的关键字，并修改父结点，如图 11.17 所示。

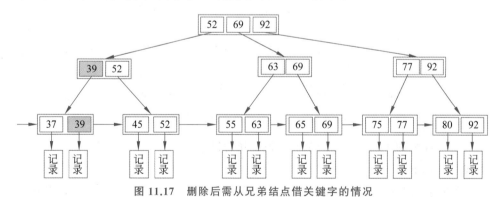

图 11.17　删除后需从兄弟结点借关键字的情况

（4）删除关键字 55，因结点中关键字数量不够，需向其兄弟结点借，但其兄弟结点无法借关出键字，此时，将该结点与兄弟结点进行合并，同时，注意修改祖先结点相关的值，如图 11.18 所示。

3. B＋树的查找

B＋树中的所有数据均保存在叶子结点，且根结点和内部结点均只是充当控制查找记录的媒介，并不代表数据本身，所有的内部结点元素都同时存在于叶子结点中，是叶子结点元素中的最大（或最小）元素。

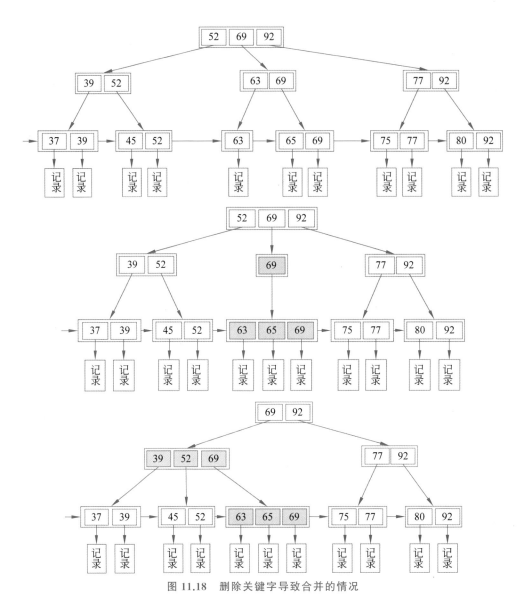

图 11.18　删除关键字导致合并的情况

例 11.6　在如图 11.19 所示的 B+树中查找关键字 55。

查找过程如下。

（1）在根结点中对比 55 和根结点中的元素[52，69，95]，发现 52<55<69，因此应该在第二个结点中继续查找。

（2）比较 55 和第二个结点中的元素[63，69]，发现 55<63，因此 55 应该存在结点[63，69]中的第一个子结点当中。

（3）对比 55 和第一个子结点中的元素[55，63]，找到 55，查找成功。

在数据库中通常不只是查询一条记录，如果是多条记录，B-树要做中序遍历，可能要跨层访问，而 B+树由于所有的数据都在叶子结点，不用跨层，同时由于有链表结构只要找到首个结点，就能通过链表把数据都读出来。

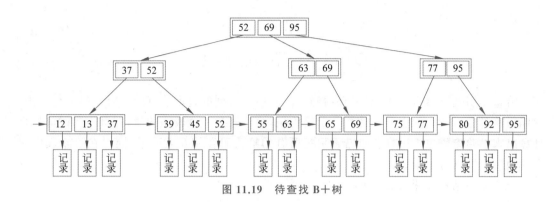

图 11.19　待查找 B＋树

◇ 11.4　Trie 树

11.4.1　Trie 树的定义

Trie 树,即字典树,又称单词查找树或键树,其典型应用是统计和排序大量的字符串,所以经常被搜索引擎系统用于文本词频统计。Trie 树用于解决一组字符串集合中快速查找某个字符串的问题,其优点是利用字符串的公共前缀来减少查询时间,最大限度地减少无谓的字符串比较。

Trie 树的核心思想是用空间换时间,利用字符串的公共前缀来降低查询时间的开销以达到提高效率的目的。

Trie 树具有如下 3 个基本性质。

(1) 根结点不包含字符,除根结点外每一个结点都只包含一个字符。

(2) 从根结点到某一结点,将路径上经过的字符连接起来,为该结点对应的字符串。

(3) 每个结点的所有子结点包含的字符都不相同。

11.4.2　Trie 树的表示

图 11.20 是一个 Trie 树的示例。

从图 11.20 中可以看出,从根结点到各个结点构成了字符串 SAM、SAMPLE、JOE、JACK、ROSE。一个字符串的结尾用特殊标志进行标识,如图 11.20 中有填充的结点。Trie 树中每个结点存储一个字符,从根结点到叶结点的一条路径存储一个字符串。有公共前缀的字符串的公共前缀共用结点,如 JOE、JACK 共用 J 结点。

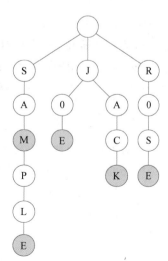

图 11.20　Trie 树示例

11.4.3　Trie 树的查找

Trie 树最基本的作用是在树上查找字符串。如在图 11.20 中查找字符串 SAMPLE 是否在数中,则从根结点出发,找到 S 结点,然后找到 A 结点、M 结点、P 结点、L 结点,以及 E 结点,查找成功。如果不能沿树的结点找到指定的字符串,则查找失败。

◇ 11.5 哈希索引

哈希索引基于哈希表实现,只有精确匹配索引所有列的查询才有效。对于每一行数据,存储引擎都会对所有的索引列计算一个哈希码,哈希码是一个较小的值,并且不同键值的行计算出来的哈希码也不一样。哈希索引将所有的哈希码存储在索引中,同时在哈希表中保存指向每个数据行的指针。

哈希索引结构如图 11.21 所示。

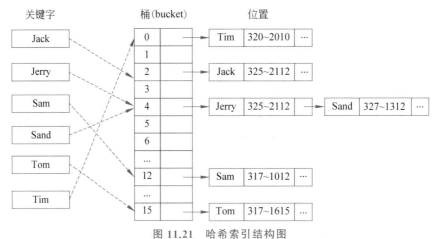

图 11.21 哈希索引结构图

哈希索引的优点是在对大量唯一等值查询情境时,效率通常更高;其缺点是不支持范围查询和模糊匹配查询。

11.5.1 静态哈希索引

基于散列技术的文件组织使我们能够避免访问索引结构,同时也提供了一种构造索引的方法。在对散列的描述中,使用桶(bucket)来表示能存储一条或多条记录的一个存储单位。通常一个桶就是一个磁盘块,但也可能大于或小于一个磁盘块。

在实际的应用中,当哈希表较小,元素个数不多时,采用静态哈希索引方法完全可以应付。但是,一旦元素较多,或数据存在一定的偏斜性时,采用静态哈希索引难以有效解决。

11.5.2 动态哈希索引

针对静态散列技术出现的问题,动态散列技术允许散列函数动态改变,以适应数据库增大或缩小的需要,其中一个重要的方法是可扩充散列技术。

当数据库增大或缩小时,可扩充散列可以通过桶的分裂或合并来适应数据库大小的变化,这样可以保持空间的使用效率。此外,由于重组每次仅作用于一个桶,因此所带来的性能开销较低。

◇ 习　题

1. 输入学生成绩信息建立索引表,查询指定成绩所在的位置。

2. 根据序列{15,6,22,3,9,18,50,2,5,8,11,16,20,30}构造 3 阶 B-树。

3. 根据关键字序列{13,3,12,35,50,79,81,10,23}构造 3 阶 B+树,并插入关键字 42、28、37,然后删除关键字 12、35、81。

4. 输入字符串序列构造 Trie 树,并查询指定字符串是否在 Trie 树中。

5. 输入 10 000 个药品信息,快速查找指定药品编号的信息。

图 书 资 源 支 持

感谢您一直以来对清华版图书的支持和爱护。为了配合本书的使用，本书提供配套的资源，有需求的读者请扫描下方的"书圈"微信公众号二维码，在图书专区下载，也可以拨打电话或发送电子邮件咨询。

如果您在使用本书的过程中遇到了什么问题，或者有相关图书出版计划，也请您发邮件告诉我们，以便我们更好地为您服务。

我们的联系方式：

清华大学出版社计算机与信息分社网站：https://www.shuimushuhui.com/

地　　址：北京市海淀区双清路学研大厦 A 座 714

邮　　编：100084

电　　话：010-83470236　010-83470237

客服邮箱：2301891038@qq.com

QQ：2301891038（请写明您的单位和姓名）

资源下载： 关注公众号"书圈"下载配套资源。

书圈

清华计算机学堂

观看课程直播